개념연결 연산의 발견

"엄마, 고마워!"라는 말을 듣게 될 줄이야!

모든 아이들은 공부를 잘하고 싶어 한다. 부모가 아이의 잘하고 싶은 마음에 대해 믿음을 가지고 도와주는 것이 중요하다. 무작정 이것저것 많이 시켜 부담을 주는 것이 아니라 부모가 내 공부를 도와주고 있다는 마음이 전해지면 아이는 신이 나서 공부를 한다. 수학 공부에 있어서는 꼼꼼하게 비교해 좋은 문제집을 추천해주는 것이 바로 그 마음이 될 것이다. 『개념연결 연산의 발견』을 가까운 초등 부모들에게 미리 주어 아이들이 풀어보도록 했다. 많은 부모들이 아이가 문제 푸는 재미에 푹 빠졌다고 했으며, 문제뿐만 아니라 친절한 개념 설명과 고학년까지 연결되는 개념의 연결에 열광했다. 아이들이 겪게 되는 수학 공부의 어려움을 꿰뚫고 있는 국내 최고의 수학교육 전문가와 현직 교사들의 합작품답다. 아이의 수학 때문에 고민하는 부모들에게 자신 있게 추천한다. 이 책은 마지못해 억지로 하는 공부가 아니라 자발적으로 자신의 문제를 해결해가는 성취감을 맛보게 해줄 것이다. "엄마 덕분에 수학에 자신감이 생겼어요!" 이렇게 말하는 아이의 모습이 그려진다.

박재원(사람과교육연구소 부모연구소장)

머리말

연산을 새롭게 발견하다!

잘못된 연산 학습이 아이를 망친다

아이의 수학 공부 때문에 골치 아파하는 초등 부모님을 많이 만났습니다. "이러다 '수포자'가 되면 어떡하나요?" 하고 물어 오는 부모님을 만날 때마다 수학의 본질이 무엇인지, 장차 우리 아이들이 초등 시절을 지나 중·고등학생이 되었을 때 수학 공부가 재미있고 고통이지 않으려면 어떻게 해야 하는지, 근본적인 고민을 반복했습니다. 30여 년 중·고등학교에서 수학을 가르치며 아이들에게 초등수학 개념이 많이 부족함을 느꼈고, 초등학교 때의 결손이 중·고등학교를 거치며 눈덩이처럼 커지는 것을 목도했습니다. 아이러니하게도 중·고등학교 현장을 떠난 후에야 초등수학을 제대로 공부할 기회가 생겼고, 학생들의 수학 공부법을 비로소 정립할 수 있어 정말 행복했습니다. 그러나 기쁨도 잠시, 초등 부모님들의 고민은 수학의 본질이 아니라 눈앞의 점수라는 사실을 알게 되었습니다. 결국 연산이었지요. 연산이 수학의 기초임은 두말할 나위 없는 사실인데, 오히려 수학 공부에 장해가 될 줄은 꿈에도 생각지 못했습니다. 초등수학 교과서를 독파하고도 깨닫지 못한 현실을 시중에 유행하는 연산 학습법이 알려주었습니다. 교과서는 연산의 정확성과 다양성을 추구합니다. 그리고 이것이 연산 학습의 본질입니다. 그런데 시중의 연산 학습지 대부분은 정확성과 다양성보다 빠른 계산 속도와 무지막지한 암기를 유도합니다. 그리고 상당수 부모님이 이것을 받아들여 아이들을 속도와 암기에 몰아넣습니다.

좌절감과 열등감을 낳는 연산 학습

속도와 암기는 점수를 높여줄 수 있다는 장점을 갖지만, 그보다 많은 부작용을 안고 있습니다. 빠른 계산 속도에 대한 집착은 아이에게 좌절감과 열등감을 줍니다. 본인의 계산 속도라는 것이 있는데 이를 무시하고 가장 빠른 아이의 속도에 맞추기만 하면 무한의 속도 경쟁에서 실패자가 되기 쉽습니다. 자기 속도에 맞지 않으면 자기주도가 될 수 없으니 타율 학습이 됩니다. 한쪽으로 자기주도학습을 강조하면서 연산 학습에서는 타율 학습을 강요하면 아이들의 '자기주도'는 점점 멀어질 수밖에 없습니다. 또 무조건적인 암기는 이해를 동반하지 않으므로 아이들이 수학을 암기 과목으로 여기게 만들고, 이 때문에 많은 아이가 중·고등학교에 올라가 수학을 싫어하게 됩니다. 아이들은 연산 공부와 여타의 수

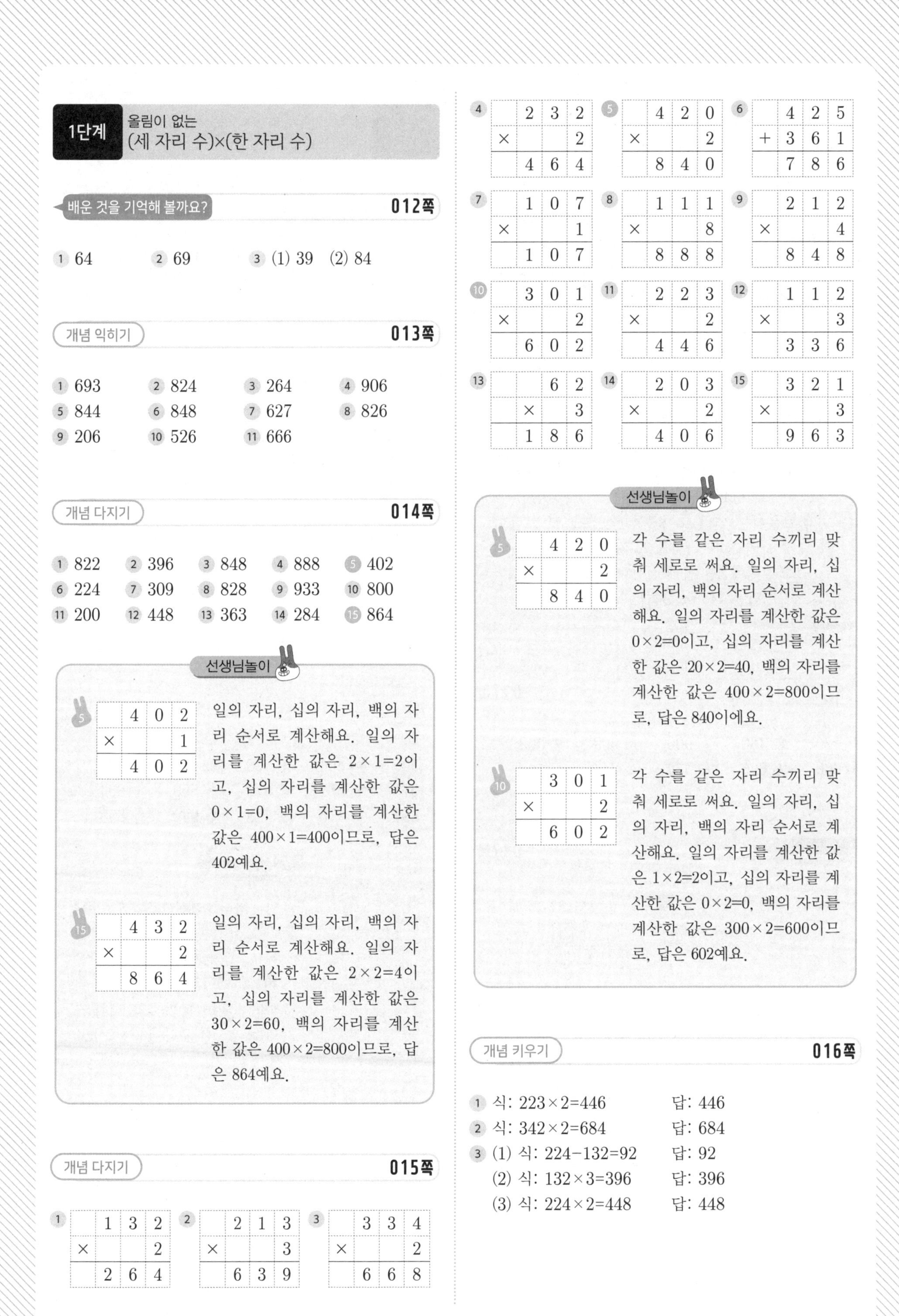

1단계 올림이 없는 (세 자리 수)×(한 자리 수)

배운 것을 기억해 볼까요? 012쪽

1 64　2 69　3 (1) 39 (2) 84

개념 익히기 013쪽

1 693　2 824　3 264　4 906
5 844　6 848　7 627　8 826
9 206　10 526　11 666

개념 다지기 014쪽

1 822　2 396　3 848　4 888　5 402
6 224　7 309　8 828　9 933　10 800
11 200　12 448　13 363　14 284　15 864

선생님놀이

5

	4	0	2
×			1
	4	0	2

일의 자리, 십의 자리, 백의 자리 순서로 계산해요. 일의 자리를 계산한 값은 $2\times1=2$이고, 십의 자리를 계산한 값은 $0\times1=0$, 백의 자리를 계산한 값은 $400\times1=400$이므로, 답은 402예요.

15

	4	3	2
×			2
	8	6	4

일의 자리, 십의 자리, 백의 자리 순서로 계산해요. 일의 자리를 계산한 값은 $2\times2=4$이고, 십의 자리를 계산한 값은 $30\times2=60$, 백의 자리를 계산한 값은 $400\times2=800$이므로, 답은 864예요.

개념 다지기 015쪽

1

	1	3	2
×			2
	2	6	4

2

	2	1	3
×			3
	6	3	9

3

	3	3	4
×			2
	6	6	8

4

	2	3	2
×			2
	4	6	4

5

	4	2	0
×			2
	8	4	0

6

	4	2	5
+	3	6	1
	7	8	6

7

	1	0	7
×			1
	1	0	7

8

	1	1	1
×			8
	8	8	8

9

	2	1	2
×			4
	8	4	8

10

	3	0	1
×			2
	6	0	2

11

	2	2	3
×			2
	4	4	6

12

	1	1	2
×			3
	3	3	6

13

		6	2
	×		3
	1	8	6

14

	2	0	3
×			2
	4	0	6

15

	3	2	1
×			3
	9	6	3

선생님놀이

5

	4	2	0
×			2
	8	4	0

각 수를 같은 자리 수끼리 맞춰 세로로 써요. 일의 자리, 십의 자리, 백의 자리 순서로 계산해요. 일의 자리를 계산한 값은 $0\times2=0$이고, 십의 자리를 계산한 값은 $20\times2=40$, 백의 자리를 계산한 값은 $400\times2=800$이므로, 답은 840이에요.

10

	3	0	1
×			2
	6	0	2

각 수를 같은 자리 수끼리 맞춰 세로로 써요. 일의 자리, 십의 자리, 백의 자리 순서로 계산해요. 일의 자리를 계산한 값은 $1\times2=2$이고, 십의 자리를 계산한 값은 $0\times2=0$, 백의 자리를 계산한 값은 $300\times2=600$이므로, 답은 602예요.

개념 키우기 016쪽

1 식: $223\times2=446$　답: 446
2 식: $342\times2=684$　답: 684
3 (1) 식: $224-132=92$　답: 92
(2) 식: $132\times3=396$　답: 396
(3) 식: $224\times2=448$　답: 448

1 서울에서 강릉까지 223 km이므로, 서울에서 강릉을 한 번 오갈 때 움직이는 거리를 구하려면 223에 2를 곱한 값을 구합니다. $223\times2=446$ (km)입니다.
2 한 번에 승객을 342명 태울 수 있는 비행기에 오전과 오후 한 번씩 승객을 빈자리 없이 태웠으므로, 이 비행기를 탄 승객은 모두 $342\times2=684$(명)입니다.
3 (1) 일반 코스가 어린이 코스보다 얼마 더 긴지 구하려면 일반 코스 224 m에서 어린이 코스 132 m만큼 빼야 합니다. $224-132=92$이므로 답은 92 m입니다.
(2) 수일이는 어린이 코스를 3번 탔으므로 수일이가 스키를 탄 거리를 모두 구하려면 어린이 코스 길이에 3을 곱해야 합니다. $132\times3=396$이므로 답은 396 m입니다.
(3) 보윤이는 일반 코스를 2번 탔으므로 보윤이가 스키를 탄 거리를 모두 구하려면 일반 코스 길이에 2를 곱해야 합니다. $224\times2=448$이므로 답은 448 m입니다.

개념 다시보기 **017쪽**

1 426 2 480 3 906 4 909 5 368
6 666 7 626 8 572 9 244

도전해 보세요 **017쪽**

1 480

2
```
    6 2 3
×       [3]
[1][8][6] 9
```

1 준우가 산 라면 한 개의 무게가 120 g이므로, 4개의 무게를 구하려면 120 g에 4를 곱해야 합니다. $120\times4=480$이므로 답은 480 g입니다.
2 먼저 3에 얼마를 곱하면 9가 나올 수 있는지 구합니다. $3\times3=9$이므로, 첫 번째 빈칸에 들어갈 수는 3입니다. 623×3을 계산하면 1869이므로 남은 빈칸에 들어갈 숫자는 각각 1, 8, 6입니다.

2단계 일의 자리에서 올림이 있는 (세 자리 수)×(한 자리 수)

배운 것을 기억해 볼까요? **018쪽**

1 12, 4 2 693 3 (1) 126 (2) 90

개념 익히기 **019쪽**

1 (위에서부터) 1; 852
2 (위에서부터) 3; 585
3 (위에서부터) 1; 652
4 (위에서부터) 1; 645
5 (위에서부터) 3; 690
6 (위에서부터) 1; 896
7 (위에서부터) 2; 324
8 (위에서부터) 1; 978
9 (위에서부터) 1; 676
10 (위에서부터) 3; 580
11 (위에서부터) 2; 868

개념 다지기 **020쪽**

1 945 2 464 3 820 4 872 5 98
6 978 7 381 8 972 9 590 10 864
11 894 12 175 13 728 14 942 15 858

선생님놀이

11

	1		
	4	4	7
×			2
	8	9	4

일의 자리를 계산한 값은 $7\times2=14$이고, 10만큼 십의 자리로 올림해요. 십의 자리를 계산한 값은 $40\times2=80$이고, 올림한 수를 더하면 $80+10=90$이에요. 백의 자리를 계산한 값은 $400\times2=800$이에요. 따라서 답은 894예요.

13

		2	
	1	0	4
×			7
	7	2	8

일의 자리를 계산한 값은 $4\times7=28$이고, 20만큼 십의 자리로 올림해요. 십의 자리를 계산한 값은 $0\times7=0$이고, 올림한 수를 더하면 $0+20=20$이에요. 백의 자리를 계산한 값은 $100\times7=700$이에요. 따라서 답은 728이에요.

개념 다지기 021쪽

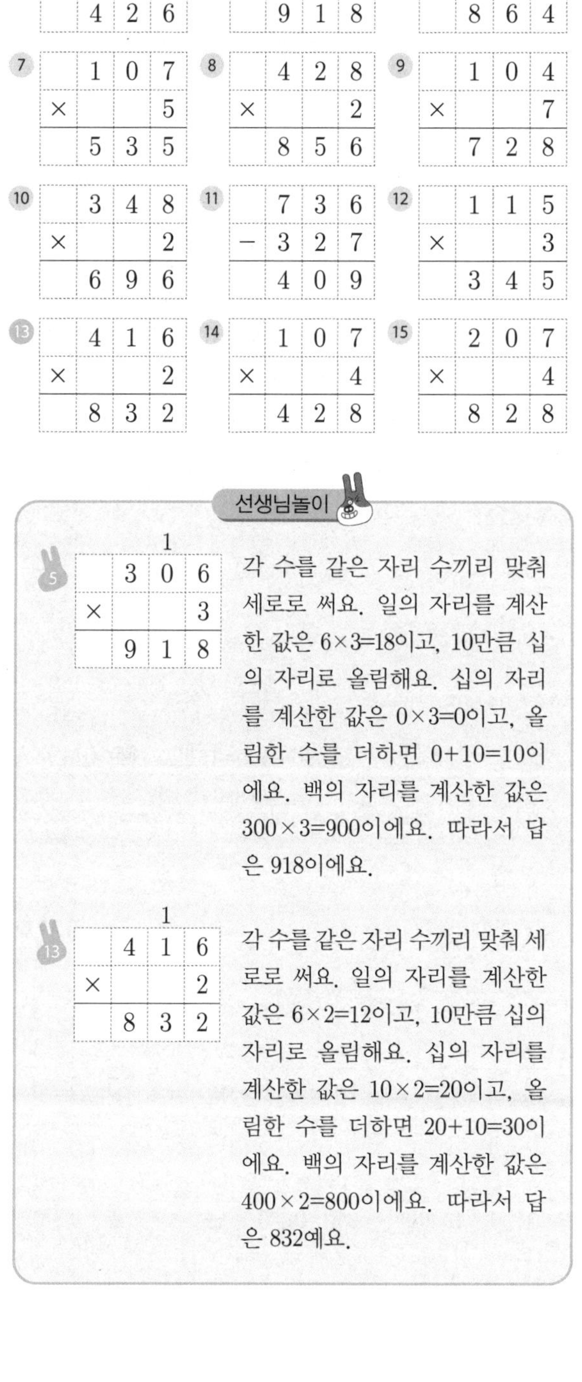

1

	1	2	5
×			3
	3	7	5

2

	3	3	6
×			2
	6	7	2

3

	4	1	7
×			2
	8	3	4

4

		7	1
	×		6
	4	2	6

5

	3	0	6
×			3
	9	1	8

6

	2	1	6
×			4
	8	6	4

7

	1	0	7
×			5
	5	3	5

8

	4	2	8
×			2
	8	5	6

9

	1	0	4
×			7
	7	2	8

10

	3	4	8
×			2
	6	9	6

11

	7	3	6
−	3	2	7
	4	0	9

12

	1	1	5
×			3
	3	4	5

13

	4	1	6
×			2
	8	3	2

14

	1	0	7
×			4
	4	2	8

15

	2	0	7
×			4
	8	2	8

선생님놀이

5

	3	0	6
×			3
	9	1	8

(받아올림 1)

각 수를 같은 자리 수끼리 맞춰 세로로 써요. 일의 자리를 계산한 값은 6×3=18이고, 10만큼 십의 자리로 올림해요. 십의 자리를 계산한 값은 0×3=0이고, 올림한 수를 더하면 0+10=10이에요. 백의 자리를 계산한 값은 300×3=900이에요. 따라서 답은 918이에요.

13

	4	1	6
×			2
	8	3	2

(받아올림 1)

각 수를 같은 자리 수끼리 맞춰 세로로 써요. 일의 자리를 계산한 값은 6×2=12이고, 10만큼 십의 자리로 올림해요. 십의 자리를 계산한 값은 10×2=20이고, 올림한 수를 더하면 20+10=30이에요. 백의 자리를 계산한 값은 400×2=800이에요. 따라서 답은 832예요.

개념 키우기 022쪽

1. 식: 115×5=575 답: 575
2. 식: 107×6=642 답: 642
3. (1) 식: 880−327=553 답: 553
   (2) 식: 327×2=654 답: 654
   (3) 식: 108×4=432, 432+654=1086
   답: 1086

1. 한 상자에 밤이 115개씩 들어 있으므로, 5상자에는 밤이 모두 115×5=575(개) 들어 있습니다.
2. 한 번에 승객이 107명씩 탈 수 있는 기차가 하루 6번 운행한다고 할 때, 하루 동안 이 기차에 탈 수 있는 승객은 모두 107×6=642(명)입니다.
3. (1) 케이크는 880 g, 식빵 327 g 이므로 케이크는 식빵보다 880−327=553(g)만큼 더 무겁습니다.
   (2) 식빵 2개의 무게는 327×2=654(g)입니다.
   (3) 먼저 소라빵 4개와 식빵 2개의 무게를 각각 구합니다. 소라빵은 108 g이므로 108×4=432(g)입니다. 식빵 2개의 무게는 654(g)이므로 둘의 값을 더합니다. 432+654=1086이므로 답은 1086 g입니다.

개념 다시보기 023쪽

1. 348
2. 896
3. 860
4. 624
5. 168
6. 948
7. 575
8. 472
9. 384

도전해 보세요 023쪽

1. 1275
2.

	2	2	6
×			7
1	5	8	2

① 지혜가 산 빵 한 개의 무게가 425 g이므로 빵 3개의 무게를 구하려면 425에 3을 곱합니다. $425\times3=1275$ (g)입니다.

② 먼저 7과 곱하여 일의 자리 수가 2가 되는 수를 구합니다. $6\times7=42$이므로, □$26\times7=15$□2가 됩니다. 42에서 40을 십의 자리로 올림하여 계산합니다. 다음은 십의 자리를 계산합니다. $20\times7=140$, 일의 자리에서 올림한 40을 더하면 180이므로 180에서 100을 백의 자리로 올림하여 계산합니다. □$26\times7=1582$가 됩니다. 100만큼 올림했으므로 7과 곱하여 1400이 되는 수를 구합니다. $200\times7=1400$이므로, 마지막 빈칸에 들어갈 수는 2입니다.

3단계 올림이 여러 번 있는 (세 자리 수)×(한 자리 수)

배운 것을 기억해 볼까요? 024쪽

1 828
2 (1) 648 (2) 309
3 (1) 7 (2) 7

개념 익히기 025쪽

1 (위에서부터) 3; 2106
2 (위에서부터) 1, 3; 2112
3 (위에서부터) 1; 2528
4 (위에서부터) 2, 1680
5 (위에서부터) 1; 546
6 (위에서부터) 4; 2455
7 (위에서부터) 1; 2520
8 (위에서부터) 1, 1; 1638
9 (위에서부터) 2; 846
10 (위에서부터) 2; 2481
11 (위에서부터) 2, 2; 1864

개념 다지기 026쪽

1 2526　2 1116　3 3155
4 1608　5 1620　6 3448
7 683　8 2132　9 1910
10 718　11 1812　12 522
13 3150　14 345　15 2820

선생님놀이

5

	4		
	2	7	0
×			6
1	6	2	0

일의 자리를 계산한 값은 $0\times6=0$이에요. 십의 자리를 계산한 값은 $70\times6=420$이고, 400만큼 백의 자리로 올림해요. 백의 자리를 계산한 값은 $200\times6=1200$이고, 올림한 수를 더하면 $1200+400=1600$이에요. 따라서 답은 1620이에요.

9

	4	1	
	3	8	2
×			5
1	9	1	0

일의 자리를 계산한 값은 $2\times5=10$이고, 10만큼 십의 자리로 올림해요. 십의 자리를 계산한 값은 $80\times5=400$, 올림한 수를 더하면 $400+10=410$이고, 400만큼 백의 자리로 올림해요. 백의 자리를 계산한 값은 $300\times5=1500$이고, 올림한 수를 더하면 $1500+400=1900$이에요. 따라서 답은 1910이에요.

개념 다지기 027쪽

1

	3	6	1
×			7
2	5	2	7

2

	2	8	4
×			2
	5	6	8

3

	4	5	3
×			3
1	3	5	9

4

	5	5	3
×			2
1	1	0	6

5

	7	5	0
×			4
3	0	0	0

6

		6	0
	×		4
	2	4	0

7

	6	4	5
×			3
1	9	3	5

8

	1	9	7
×			5
	9	8	5

9

	2	7	3
×			8
2	1	8	4

10

		4	7
	×		6
	2	8	2

11

	4	2	9
×			7
3	0	0	3

12

	5	0	5
×			9
4	5	4	5

13

	2	4	7
×			2
	4	9	4

14

	1	6	4
×			3
	4	9	2

15

	7	7	7
×			2
1	5	5	4

선생님놀이

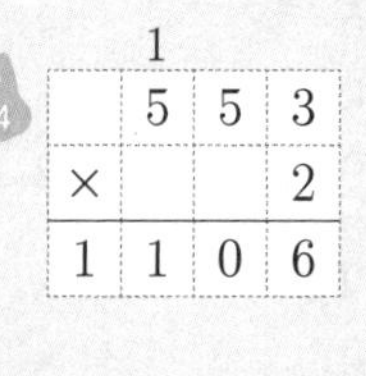

4

	1 5	5	3
×			2
1	1	0	6

각 수를 같은 자리 수끼리 맞춰 세로로 써요. 일의 자리를 계산한 값은 3×2=6이에요. 십의 자리를 계산한 값은 50×2=100이고, 100만큼 백의 자리로 올림해요. 백의 자리를 계산한 값은 500×2=1000이고, 올림한 수를 더하면 1000+100=1100이에요. 따라서 답은 1106이에요.

12

	5	4 0	5
×			9
4	5	4	5

각 수를 같은 자리 수끼리 맞춰 세로로 써요. 일의 자리를 계산한 값은 5×9=45이고, 40만큼 십의 자리로 올림해요. 십의 자리를 계산한 값은 0×9=0이고, 올림한 수를 더하면 0+40=40이에요. 백의 자리를 계산한 값은 500×9=4500이에요. 따라서 답은 4545예요.

개념 키우기 **028쪽**

1 식: 382×7=2674 답: 2674

2 식: 128×5=640 답: 640

3 (1) 식: 188×8=1504 답: 1504

(2) 식: 127×6=762 답: 762

(3) 식: 138×5=690, 1504+762+690=2956

답: 2956

1 빵 한 봉지에 382 g이므로 빵 7봉지는 382×7=2674 (g)입니다.

2 지혜네 학교에는 3학년 학생이 모두 128명 있으므로, 이 학생들이 하루 한 개씩 5일 동안 마신 우유갑의 개수는 128×5=640(개)입니다.

3 (1) **가** 항공기에는 1회에 승객 188명이 탈 수 있습니다. **가** 항공기는 하루에 8회 운항하므로, 하루 동안 **가** 항공기에 탈 수 있는 승객은 모두 188×8=1504(명)입니다.

(2) **나** 항공기에는 1회에 승객이 127명 탈 수 있습니다. **나** 항공기는 하루에 6회 운항하므로, 하루 동안 **나** 항공기에 탈 수 있는 승객은 모두 127×6=762(명)입니다.

(3) A 항공사를 통해 하루 동안 서울에서 부산까지 갈 수 있는 승객을 모두 구하려면 우선 하루 동안 **가** 항공기, **나** 항공기, **다** 항공기에 탈 수 있는 승객의 수를 각각 구해야 합니다. 위에서 **가** 항공기와 **나** 항공기에 하루 동안 탈 수 있는 승객의 수를 이미 구했으므로 **다** 항공기에 하루 동안 탈 수 있는 승객의 수를 구하면 138×5=690(명)입니다. 모두 더하면 1504+762+690=2956이므로 답은 2956명입니다.

개념 다시보기 **029쪽**

1 2226 2 1749 3 2540

4 1405 5 1056 6 706

7 1701 8 5319 9 1348

도전해 보세요 **029쪽**

1 945 2 1460

1 하루 135원을 절약할 수 있으므로 이 가정에서 일주일 동안 아낄 수 있는 전기 요금은 135×7=945(원)입니다.

2 한 변의 길이가 365 m이고 네 변의 길이가 같다고 했으므로 공원의 둘레는 365×4=1460(m)입니다.

4단계 (몇십)×(몇십), (몇십몇)×(몇십)

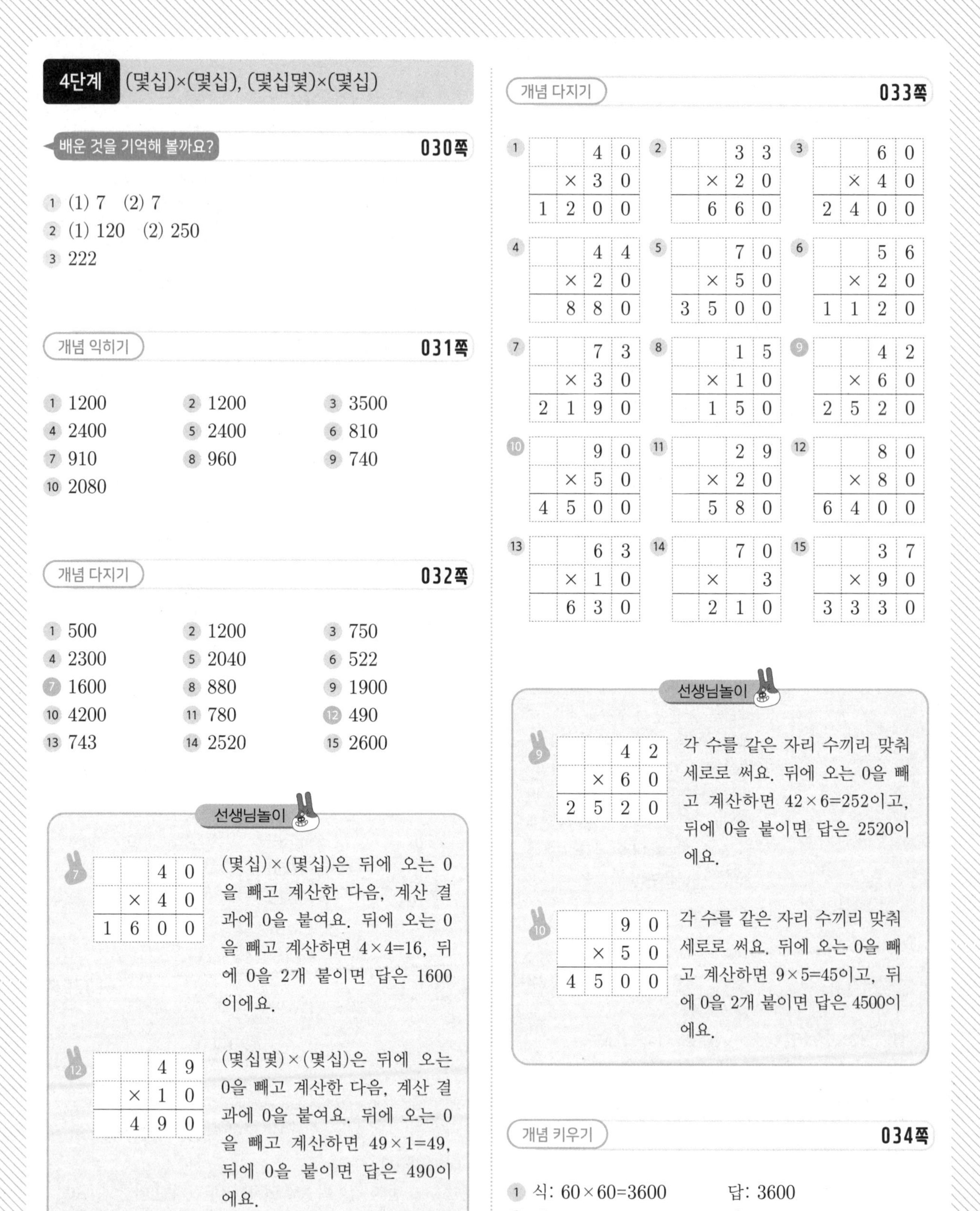

배운 것을 기억해 볼까요? 030쪽

1 (1) 7 (2) 7
2 (1) 120 (2) 250
3 222

개념 익히기 031쪽

1 1200 2 1200 3 3500
4 2400 5 2400 6 810
7 910 8 960 9 740
10 2080

개념 다지기 032쪽

1 500 2 1200 3 750
4 2300 5 2040 6 522
7 1600 8 880 9 1900
10 4200 11 780 12 490
13 743 14 2520 15 2600

선생님놀이

7

		4	0
	×	4	0
1	6	0	0

(몇십)×(몇십)은 뒤에 오는 0을 빼고 계산한 다음, 계산 결과에 0을 붙여요. 뒤에 오는 0을 빼고 계산하면 $4\times4=16$, 뒤에 0을 2개 붙이면 답은 1600이에요.

12

		4	9
	×	1	0
	4	9	0

(몇십몇)×(몇십)은 뒤에 오는 0을 빼고 계산한 다음, 계산 결과에 0을 붙여요. 뒤에 오는 0을 빼고 계산하면 $49\times1=49$, 뒤에 0을 붙이면 답은 490이에요.

개념 다지기 033쪽

1

		4	0
	×	3	0
1	2	0	0

2

		3	3
	×	2	0
	6	6	0

3

		6	0
	×	4	0
2	4	0	0

4

		4	4
	×	2	0
	8	8	0

5

		7	0
	×	5	0
3	5	0	0

6

		5	6
	×	2	0
1	1	2	0

7

		7	3
	×	3	0
2	1	9	0

8

		1	5
	×	1	0
	1	5	0

9

		4	2
	×	6	0
2	5	2	0

10

		9	0
	×	5	0
4	5	0	0

11

		2	9
	×	2	0
	5	8	0

12

		8	0
	×	8	0
6	4	0	0

13

		6	3
	×	1	0
	6	3	0

14

		7	0
	×		3
	2	1	0

15

		3	7
	×	9	0
3	3	3	0

선생님놀이

9

		4	2
	×	6	0
2	5	2	0

각 수를 같은 자리 수끼리 맞춰 세로로 써요. 뒤에 오는 0을 빼고 계산하면 $42\times6=252$이고, 뒤에 0을 붙이면 답은 2520이에요.

10

		9	0
	×	5	0
4	5	0	0

각 수를 같은 자리 수끼리 맞춰 세로로 써요. 뒤에 오는 0을 빼고 계산하면 $9\times5=45$이고, 뒤에 0을 2개 붙이면 답은 4500이에요.

개념 키우기 034쪽

1 식: $60\times60=3600$ 답: 3600
2 식: $24\times60=1440$ 답: 1440
3 (1) 식: $30\times50=1500$ 답: 1500
(2) 식: $12\times30=360$ 답: 360
(3) 식: $12\times20=240$, $15\times30=450$, $240+450=690$
답: 690

1 1분은 60초, 한 시간은 60분이므로 60분이 몇 초인지 구하는 문제입니다. 60×60=3600이므로 답은 3600초입니다.

2 하루는 24시간, 한 시간은 60분이므로 24시간이 몇 분인지 구하는 문제입니다. 24×60=1440이므로 답은 1440분입니다.

3 (1) 달걀 30개들이 한 판이 5980원이므로 30개들이 달걀 50판에 들어 있는 달걀이 몇 개인지 구하는 문제입니다. 30×50=1500, 답은 1500개입니다.

(2) 달걀 12개들이 한 판이 2600원이므로 12개들이 달걀 30판에 들어 있는 달걀이 몇 개인지 구하는 문제입니다. 12×30=360, 답은 360개입니다.

(3) 먼저 2600원짜리 달걀 20판은 12×20=240(개)입니다. 5980원짜리 달걀 15판은 15×30=450(개)입니다. 240+450을 구하면 답은 690개입니다.

개념 다시보기 035쪽

1 640　2 1000　3 2400
4 1400　5 1230　6 1480
7 600　8 850　9 1720

도전해 보세요 035쪽

1 7
2 (1) 3400 (2) 2050

1 49와 곱해 3000보다 큰 값이 나와야 합니다. 이때 뒤에 오는 0은 나중에 붙일 수 있으므로 49와 곱해 300보다 큰 값이 나오는 '몇'을 구하면 됩니다. 49×7=343으로 7이 들어갈 수 있는 자연수 중 가장 작습니다. 7보다 작으면 값이 3000보다 크다는 식이 성립하지 않으므로, 답은 7입니다.

5단계 (몇)×(몇십몇)

배운 것을 기억해 볼까요? 036쪽

1 136
2 1600, 900
3 (1) 104 (2) 170

개념 익히기 037쪽

1 (위에서부터) 1; 72
2 (위에서부터) 1; 224
3 (위에서부터) 2; 348
4 (위에서부터) 1; 130
5 (위에서부터) 1; 265
6 (위에서부터) 3; 192
7 (위에서부터) 1; 258
8 (위에서부터) 1; 96
9 (위에서부터) 2; 54
10 (위에서부터) 2; 370
11 (위에서부터) 4; 280

개념 다지기 038쪽

1 72　2 91　3 288　4 246
5 320　6 315　7 110　8 138
9 186　10 972　11 54　12 112
13 546　14 294　15 174

선생님놀이

7

	1	
		5
×	2	2
1	1	0

5×2, 5×20으로 나누어 계산해요. 5×2=10, 5×20=100이므로 답은 110이에요. 또는, 22×5로 바꾸어 계산해요.

14

	5	
		6
×	4	9
2	9	4

6×9, 6×40으로 나누어 계산해요. 6×9=54, 6×40=240이므로 답은 294예요. 또는, 49×6으로 바꾸어 계산해요.

개념 다지기 039쪽

1

			4
	×	2	6
	1	0	4

2

			5
	×	5	3
	2	6	5

3

			7
	×	3	1
	2	1	7

4

			2
	×	8	8
	1	7	6

5

		2	8
+	1	2	5
	1	5	3

6

			4
	×	7	8
	3	1	2

7

			3
	×	5	6
	1	6	8

8

			6
	×	2	5
	1	5	0

9

			8
	×	6	5
	5	2	0

10

			5
	×	5	7
	2	8	5

11

			7
	×	2	0
	1	4	0

12

	2	5	3
×			7
1	7	7	1

13

			4
	×	9	3
	3	7	2

14

			5
	×	2	6
	1	3	0

15

			9
	×	5	1
	4	5	9

선생님놀이

9

4

			8
	×	6	5
	5	2	0

각 수를 같은 자리 수끼리 맞춰 세로로 써요. 8×5, 8×60으로 나누어 계산해요. 8×5=40, 8×60=480이므로 답은 520이에요. 또는, 65×8로 바꾸어 계산해요.

11

			7
	×	2	0
	1	4	0

각 수를 같은 자리 수끼리 맞춰 세로로 써요. 뒤에 오는 0을 빼고 계산해요. 7×2=14이고, 뒤에 0을 붙이면 답은 140이에요.

개념 키우기 040쪽

1 식: 5×34=170 답: 170

2 식: 8×28=224 답: 224

3 (1) 식: 4×37=148 답: 148

(2) 식: 6×23=138 답: 138

(3) 식: 51−15=36, 3×36=108 답: 108

1 멜론이 한 상자에 5개씩 34상자 있으므로 멜론은 모두 5×34=170(개) 있습니다.

2 대관람차 한 대에 8명씩 탈 수 있으므로 대관람차 28대에는 모두 8×28=224(명)이 탈 수 있습니다.

3 (1) 사과 한 봉에 4개씩 37봉 있으므로 사과는 모두 4×37=148(개) 있습니다.

(2) 바나나 한 송이에 6개씩 23송이가 있으므로 바나나는 모두 6×23=138(개) 있습니다.

(3) 전체 포도 51봉 중 오늘 하루 동안 15봉이 팔렸으므로 남은 포도는 51−15=36(봉)입니다. 포도 한 봉에 3송이씩 들어 있으므로 남은 포도는 3×36=108(송이)입니다.

개념 다시보기 041쪽

1 34　2 175　3 328

4 192　5 141　6 296

7 378　8 288　9 198

도전해 보세요 041쪽

1

		6
×	3	4
2	0	4

2

		4
×	6	7
2	6	8

1 먼저 수 카드 2, 4, 6을 큰 순서로 나열하면 6, 4, 2가 됩니다. 10의 자리 수 3과 곱하여 가장 큰 값이 나오는 수는 6이므로 첫 번째 칸의 답은 6입니다. 다음으로 올 수 있는 큰 수는 4이므로 식을 완성하면 6×34=204가 됩니다.

2 주어진 일의 자리 수끼리 계산합니다. 4×7=28이므로, 20만큼 십의 자리로 올림합니다. 20만큼 10의 자리로 올림했으므로 4와 곱하여 일의 자리 수가 4가 나오는 수를 찾습니다. 4×1=4, 4×6=24로 두 가지 경우가 나올 수 있습니다. 답이 세 자리 수이므로, 4×6=24임을 알 수 있습니다. 빈칸을 채우면 위와 같습니다.

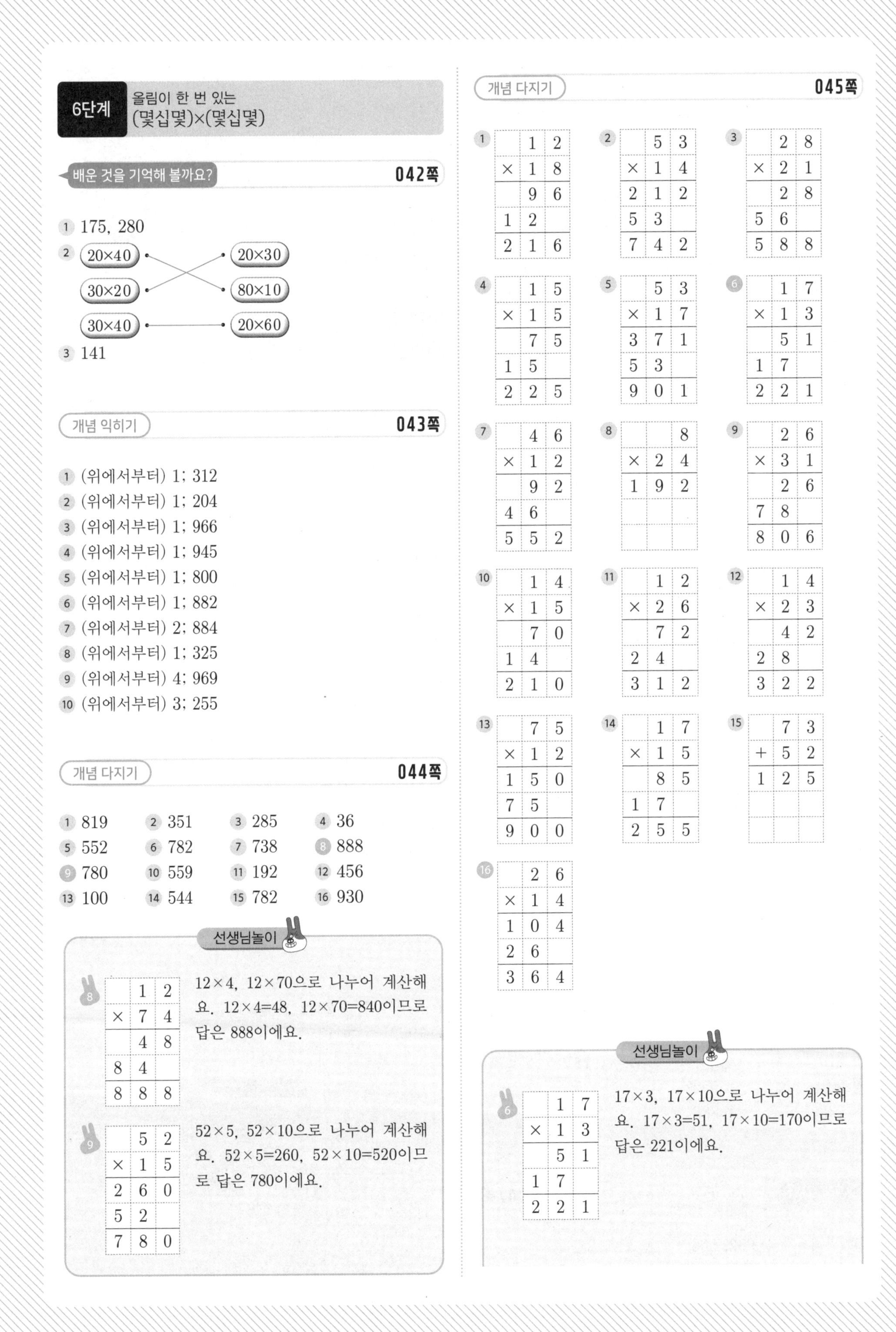

6단계 올림이 한 번 있는 (몇십몇)×(몇십몇)

배운 것을 기억해 볼까요? 042쪽

1 175, 280

2 20×40 — 80×10, 30×20 — 20×30, 30×40 — 20×60

3 141

개념 익히기 043쪽

1 (위에서부터) 1; 312
2 (위에서부터) 1; 204
3 (위에서부터) 1; 966
4 (위에서부터) 1; 945
5 (위에서부터) 1; 800
6 (위에서부터) 1; 882
7 (위에서부터) 2; 884
8 (위에서부터) 1; 325
9 (위에서부터) 4; 969
10 (위에서부터) 3; 255

개념 다지기 044쪽

1 819 2 351 3 285 4 36
5 552 6 782 7 738 8 888
9 780 10 559 11 192 12 456
13 100 14 544 15 782 16 930

선생님놀이

8

	1	2
×	7	4
	4	8
8	4	
8	8	8

12×4, 12×70으로 나누어 계산해요. 12×4=48, 12×70=840이므로 답은 888이에요.

9

	5	2
×	1	5
2	6	0
5	2	
7	8	0

52×5, 52×10으로 나누어 계산해요. 52×5=260, 52×10=520이므로 답은 780이에요.

개념 다지기 045쪽

1

	1	2
×	1	8
	9	6
1	2	
2	1	6

2

	5	3
×	1	4
2	1	2
5	3	
7	4	2

3

	2	8
×	2	1
	2	8
5	6	
5	8	8

4

	1	5
×	1	5
	7	5
1	5	
2	2	5

5

	5	3
×	1	7
3	7	1
5	3	
9	0	1

6

	1	7
×	1	3
	5	1
1	7	
2	2	1

7

	4	6
×	1	2
	9	2
4	6	
5	5	2

8

		8
×	2	4
1	9	2

9

	2	6
×	3	1
	2	6
7	8	
8	0	6

10

	1	4
×	1	5
	7	0
1	4	
2	1	0

11

	1	2
×	2	6
	7	2
2	4	
3	1	2

12

	1	4
×	2	3
	4	2
2	8	
3	2	2

13

	7	5
×	1	2
1	5	0
7	5	
9	0	0

14

	1	7
×	1	5
	8	5
1	7	
2	5	5

15

	7	3
+	5	2
1	2	5

16

	2	6
×	1	4
1	0	4
2	6	
3	6	4

선생님놀이

6

	1	7
×	1	3
	5	1
1	7	
2	2	1

17×3, 17×10으로 나누어 계산해요. 17×3=51, 17×10=170이므로 답은 221이에요.

	2	6
×	1	4
1	0	4
2	6	
3	6	4

26×4, 26×10으로 나누어 계산해요. 26×4=104, 26×10=260이므로 답은 364예요.

개념 키우기 **046쪽**

1 식: 36×21=756 답: 756
2 식: 16×15=240 답: 240
3 (1) 7
(2) 식: 7×2=14, 32×14=448 답: 448
(3) 식: 6×2=12, 28×12=336 답: 336

1 과수원에서 사과를 수확하여 한 상자에 36개씩 넣었으므로 21상자에 가득 찬 사과의 개수는 36×21=756(개)입니다.
2 공책이 16권씩 15묶음 있으므로 공책은 모두 16×15=240(권) 있습니다.
3 (2) 버스 터미널에서 고인돌 유적지까지 32 km, 버스 터미널에서 고인돌 유적지를 왕복하는 버스는 1회 왕복할 때마다 32 km씩 2번 움직이게 됩니다. 하루 동안 7회를 왕복하므로 32 km씩 14번 움직인다는 사실을 알 수 있습니다. 32×14=448, 따라서 답은 448 km입니다.
(3) 버스 터미널에서 놀이공원까지 28 km, 버스 터미널에서 놀이공원을 왕복하는 버스는 1회 왕복할 때마다 28 km씩 2번 움직이게 됩니다. 하루 동안 6회를 왕복하므로 28 km씩 12번 움직인다는 사실을 알 수 있습니다. 28×12=336, 따라서 답은 336 km입니다.

개념 다시보기 **047쪽**

1 819 2 351 3 285
4 901 5 552 6 795
7 738 8 888

도전해 보세요 **047쪽**

1 (위에서부터) 962, 666 2 3, 5, 2

2 3, 5, 2를 큰 순서대로 나열하면 5, 3, 2입니다. 주어진 수가 6이므로 곱하는 수에서 6과 곱하여 가장 큰 값이 나오는 수 5를 십의 자리에 놓습니다. 다음으로 큰 수 3을 6과 나란히 있는 십의 자리에 놓으면 36×52라는 식이 만들어집니다.

7단계 올림이 여러 번 있는 (몇십몇)×(몇십몇)

배운 것을 기억해 볼까요? **048쪽**

1
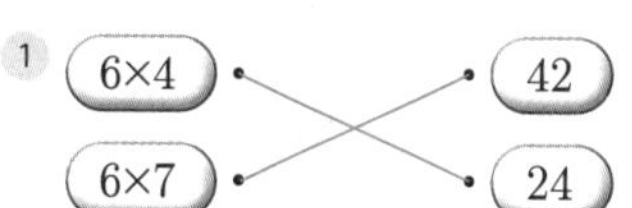

2 3, 10, 75, 250, 325
3 3

개념 익히기 **049쪽**

1 (위에서부터) 4, 4; 1568
2 (위에서부터) 2, 1; 1470
3 (위에서부터) 3, 2; 2491
4 (위에서부터) 1; 1800
5 (위에서부터) 2, 2; 2464
6 (위에서부터) 2, 4; 980
7 (위에서부터) 1, 1; 2730
8 (위에서부터) 1; 2214

개념 다지기 **050쪽**

1 2968 2 1242 3 1505 4 2812
5 897 6 2832 7 3685 8 645
9 1992 10 1530 11 3420 12 365

선생님놀이

		3	9
	×	2	3
	1	1	7
	7	8	
	8	9	7

39×3, 39×20으로 나누어 계산해요. 39×3=117, 39×20=780이므로 답은 897이에요.

7

		6	7
	×	5	5
	3	3	5
3	3	5	
3	6	8	5

67×5, 67×50으로 나누어 계산해요. 67×5=335, 67×50=3350이므로 답은 3685예요.

11

		5	8
	×	7	5
	2	9	0
4	0	6	
4	3	5	0

각 수를 같은 자리 수끼리 맞춰 세로로 써요. 58×5, 58×70으로 나누어 계산해요. 58×5=290, 58×70=4060이므로 답은 4350이에요.

개념 다지기 051쪽

1

		2	3
	×	5	6
	1	3	8
1	1	5	
1	2	8	8

2

		3	5
	×	4	3
	1	0	5
1	4	0	
1	5	0	5

3

		2	9
	×	3	2
		5	8
	8	7	
	9	2	8

4

		8	3
	×	2	8
	6	6	4
1	6	6	
2	3	2	4

5

		5	9
	×	3	8
	4	7	2
1	7	7	
2	2	4	2

6

	4	5	2
+	7	8	3
1	2	3	5

7

		2	7
	×	4	3
		8	1
1	0	8	
1	1	6	1

8

		6	6
	×	2	2
	1	3	2
1	3	2	
1	4	5	2

9

		2	5
	×	5	4
	1	0	0
1	2	5	
1	3	5	0

10

	5	2	8
−	2	7	5
	2	5	3

11

		5	8
	×	7	5
	2	9	0
4	0	6	
4	3	5	0

12

		4	6
	×	2	6
	2	7	6
	9	2	
1	1	9	6

선생님놀이

3

		2	9
	×	3	2
		5	8
	8	7	
	9	2	8

각 수를 같은 자리 수끼리 맞춰 세로로 써요. 29×2, 29×30으로 나누어 계산해요. 29×2=58, 29×30=870이므로 답은 928이에요.

개념 키우기 052쪽

1 식: 55×48=2640 답: 2640

2 식: 25×34=850 답: 850

3 (1) 식: 10+15=25, 25×45=1125 답: 1125

(2) 식: 12+15=27, 27×28=756 답: 756

(3) 식: 45×10=450, 45×15=675, 675−450=225

답: 225

1 한 시간에 자전거를 55대 만드는 공장에서 48시간 동안 만들 수 있는 자전거는 모두 55×48=2640(대)입니다.

2 음료수가 한 상자에 25개씩 들어 있으므로 34상자에 들어 있는 음료수는 모두 25×34=850(개)입니다.

3 (1) 일반 고속버스는 오전 10회, 오후 15회 운행하므로 하루 동안 총 25회 운행합니다. 한 번에 45명을 태울 수 있으므로 하루 동안 일반 고속버스에 탑승할 수 있는 승객을 모두 구하면 25×45=1125(명)입니다.

(2) 우등 고속버스는 오전 12회, 오후 15회 운행하므로 하루 동안 총 27회 운행합니다. 한 번에 28명을 태울 수 있으므로 하루 동안 우등 고속버스에 탑승할 수 있는 승객을 모두 구하면 27×28=756(명)입니다.

(3) 일반 고속버스를 오전에 탑승할 수 있는 승객의 수와 오후에 탑승할 수 있는 승객의 수를 각각 구합니다. 일반 고속버스는 오전 10회 운행하므로 오전 동안 탑승할 수 있는 승객은 모두 45×10=450(명)입니다. 오후 15회 운행하므로 오후 동안 탑승할 수 있는 승객은 모두 45×15=675(명)입니다. 따라서 오후에 탑승할 수 있는 승객은 오전에 탑승할 수 있는 승객보다 675−450=225(명) 더 많습니다.

개념 다시보기 053쪽

1 918　2 2226　3 3230
4 1344　5 4536　6 4032

도전해 보세요 053쪽

1 1875　2 (위에서부터) 3, 48, 1152

1 과자 한 봉지의 무게가 75 g이고, 과자 한 상자에 과자가 25봉지 들어 있으므로 과자 한 상자의 무게는 $75\times25=1875$(g)입니다.
2 차례로 계산합니다. $12\times4=48$, 8과 곱해 24가 나오는 수는 3, $48\times24=1152$입니다.

8단계 (몇십)÷(몇)

배운 것을 기억해 볼까요? 054쪽

1 2, 4　2 (1) 5　(2) 3　(3) 4　3 4, 4

개념 익히기 055쪽

1 30; 30　2 25; 20, 5　3 20; 20　4 20; 20
5 10; 10　6 35; 30, 5　7 15; 10, 5　8 14; 10, 4

개념 다지기 056쪽

1 16　2 40　3 10　4 20　5 10
6 168　7 10　8 20　9 45　10 576
11 18　12 25

선생님놀이

9

	4	5
2)	9	0
	8	
	1	0
	1	0
		0

십의 자리, 일의 자리 순서로 계산해요. $2\times40=80$이므로 십의 자리에 4를 써요. $90-80=10$이므로 10을 내림하여 일의 자리를 계산해요. $2\times5=10$이므로 일의 자리에 5를 쓰면, 몫은 45예요.

12

	2	5
2)	5	0
	4	
	1	0
	1	0
		0

$2\times20=40$이므로 십의 자리에 2를 써요. $50-40=10$이므로 10을 내림하여 일의 자리를 계산해요. $2\times5=10$이므로 일의 자리에 5를 쓰면, 몫은 25예요.

개념 다지기 057쪽

1

	3	5
2)	7	0
	6	
	1	0
	1	0
		0

2

	1	0
4)	4	0
	4	
		0

3

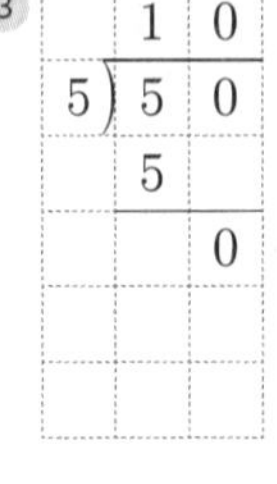

	1	0
5)	5	0
	5	
		0

4

	2	0
4)	8	0
	8	
		0

5

	2	0
×	1	2
	4	0
2	0	
2	4	0

6

	1	4
5)	7	0
	5	
	2	0
	2	0
		0

7

	1	0
8)	8	0
	8	
		0

8

	2	0
3)	6	0
	6	
		0

9

		8
×	2	8
2	2	4

10

	2	5
2)	5	0
	4	
	1	0
	1	0
		0

11

	3	0
3)	9	0
	9	
		0

12

	1	5
2)	3	0
	2	
	1	0
	1	0
		0

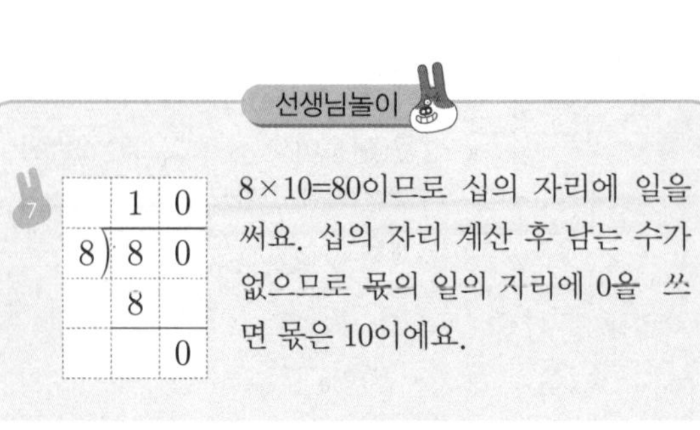

선생님놀이

7

	1	0
8)	8	0
	8	
		0

$8\times10=80$이므로 십의 자리에 일을 써요. 십의 자리 계산 후 남는 수가 없으므로 몫의 일의 자리에 0을 쓰면 몫은 10이에요.

	1	5
2)	3	0
	2	
	1	0
	1	0
		0

12 2×10=20이므로 십의 자리에 1을 써요. 30−20=10이므로 10을 내림하여 일의 자리를 계산해요. 2×5=10이므로 일의 자리에 5를 쓰면, 몫은 15예요.

개념 키우기 **058쪽**

1 식: 50÷5=10 답: 10
2 식: 30÷2=15 답: 15
3 (1) 식: 30÷6=5 답: 5
(2) 식: 80÷8=10 답: 10
(3) 식: 50÷2=25 답: 25

1 색종이 50장을 한 명에게 5장씩 주려고 하므로 색종이는 모두 50÷5=10(명)에게 줄 수 있습니다.
2 구운 달걀 30개를 한 봉지에 2개씩 담아 포장하였으므로 포장한 달걀은 모두 30÷2=15(봉)입니다.
3 (1) 로봇 장난감 30개를 3학년 각 반에 6개씩 모두 나누어 주었으므로 3학년은 모두 30÷6=5(반)입니다.
(2) 공책 한 묶음에 8권이므로, 공책 80권은 모두 80÷8=10(묶음)입니다.
(3) 빼빼로 50개를 한 명에게 2개씩 주면 모두 50÷2=25(명)에게 나누어 줄 수 있습니다.

개념 다시보기 **059쪽**

1 20; 20 2 14; 10, 4 3 15; 10, 5
4 10 5 20 6 15

도전해 보세요 **059쪽**

1 =, 〈 2 23, 22

1 60÷3=20, 40÷2=20이므로 첫 번째 문제의 답은 =입니다. 70÷5=14, 30÷2=15이므로 두 번째 문제의 답은 〈입니다.

9단계 내림과 나머지가 없는 (몇십몇)÷(몇)

배운 것을 기억해 볼까요? **060쪽**

1 3, 30 2 (1) 14 (2) 16 (3) 18 3 15, 20

개념 익히기 **061쪽**

1 23; 20, 3 2 21; 20, 1 3 41; 40, 1 4 11; 10, 1
5 12; 10, 2 6 13; 10, 3 7 34; 30, 4 8 32; 30, 2

개념 다지기 **062쪽**

1 23 2 11 3 21 4 21 5 12
6 14 7 672 8 21 9 11 10 41
11 512 12 12

선생님놀이

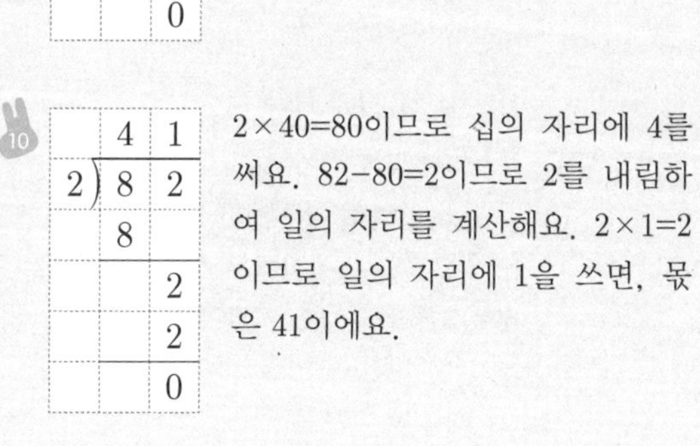

8 3×20=60이므로 십의 자리에 2를 써요. 63−60=3이므로 3을 내림하여 일의 자리를 계산해요. 3×1=3이므로 일의 자리에 1을 쓰면, 몫은 21이에요.

10 2×40=80이므로 십의 자리에 4를 써요. 82−80=2이므로 2를 내림하여 일의 자리를 계산해요. 2×1=2이므로 일의 자리에 1을 쓰면, 몫은 41이에요.

개념 다지기 **063쪽**

1

	3	2
2)	6	4
	6	
		4
		4
		0

2

	3	2
3)	9	6
	9	
		6
		6
		0

3

		4
×	2	6
1	0	4

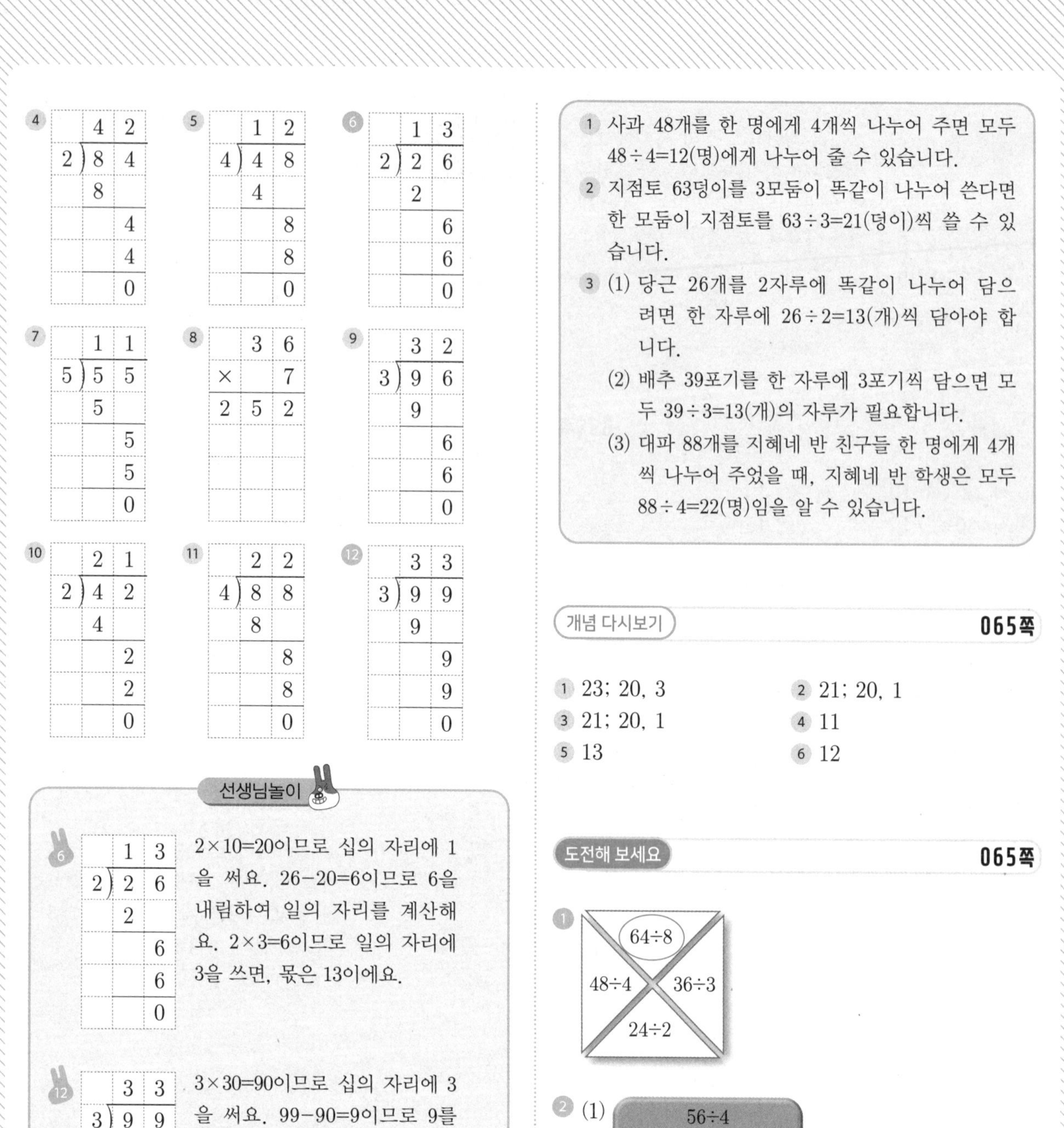

4

	4	2
2)	8	4
	8	
		4
		4
		0

5

	1	2
4)	4	8
	4	
		8
		8
		0

6

	1	3
2)	2	6
	2	
		6
		6
		0

7

	1	1
5)	5	5
	5	
		5
		5
		0

8

	3	6
×		7
2	5	2

9

	3	2
3)	9	6
	9	
		6
		6
		0

10

	2	1
2)	4	2
	4	
		2
		2
		0

11

	2	2
4)	8	8
	8	
		8
		8
		0

12

	3	3
3)	9	9
	9	
		9
		9
		0

선생님놀이

6

	1	3
2)	2	6
	2	
		6
		6
		0

2×10=20이므로 십의 자리에 1을 써요. 26−20=6이므로 6을 내림하여 일의 자리를 계산해요. 2×3=6이므로 일의 자리에 3을 쓰면, 몫은 13이에요.

12

	3	3
3)	9	9
	9	
		9
		9
		0

3×30=90이므로 십의 자리에 3을 써요. 99−90=9이므로 9를 내림하여 일의 자리를 계산해요. 3×3=9이므로 일의 자리에 3을 쓰면, 몫은 33이에요.

개념 키우기 064쪽

1. 식: 48÷4=12 답: 12
2. 식: 63÷3=21 답: 21
3. (1) 식: 26÷2=13 답: 13
   (2) 식: 39÷3=13 답: 13
   (3) 식: 88÷4=22 답: 22

1. 사과 48개를 한 명에게 4개씩 나누어 주면 모두 48÷4=12(명)에게 나누어 줄 수 있습니다.
2. 지점토 63덩이를 3모둠이 똑같이 나누어 쓴다면 한 모둠이 지점토를 63÷3=21(덩이)씩 쓸 수 있습니다.
3. (1) 당근 26개를 2자루에 똑같이 나누어 담으려면 한 자루에 26÷2=13(개)씩 담아야 합니다.
   (2) 배추 39포기를 한 자루에 3포기씩 담으면 모두 39÷3=13(개)의 자루가 필요합니다.
   (3) 대파 88개를 지혜네 반 친구들 한 명에게 4개씩 나누어 주었을 때, 지혜네 반 학생은 모두 88÷4=22(명)임을 알 수 있습니다.

개념 다시보기 065쪽

1. 23; 20, 3
2. 21; 20, 1
3. 21; 20, 1
4. 11
5. 13
6. 12

도전해 보세요 065쪽

1. 64÷8 (circled); 48÷4; 36÷3; 24÷2
2. (1) 56÷4: 11 12 13 (14)
   (2) 78÷6: 11 12 (13) 14

10단계 내림이 있고 나머지가 없는 (몇십몇)÷(몇)

배운 것을 기억해 볼까요? 066쪽

1. (1) 7 (2) 7
2. (위에서부터) 1, 2, 1, 20
3. 34

개념 익히기 067쪽

1. 15; 1, 10, 5
2. 26; 2, 20, 6
3. 16; 10, 6
4. 18; 10, 8
5. 14; 10, 4
6. 15; 10, 5
7. 12; 10, 2
8. 19; 10, 9

개념 다지기 068쪽

1. 13
2. 19
3. 12
4. 113
5. 18
6. 12
7. 17
8. 19
9. 378
10. 13
11. 13
12. 14

선생님놀이

6

	1	2
6)	7	2
	6	
	1	2
	1	2
		0

6×10=60이므로 십의 자리에 1을 써요. 72−60=12이므로 12를 내림하여 일의 자리를 계산해요. 6×2=12이므로 일의 자리에 2를 쓰면, 몫은 12예요.

11

	1	3
6)	7	8
	6	
	1	8
	1	8
		0

6×10=60이므로 십의 자리에 1을 써요. 78−60=18이므로 18을 내림하여 일의 자리를 계산해요. 6×3=18이므로 일의 자리에 3을 쓰면, 몫은 13이에요.

개념 다지기 069쪽

1

	2	9
3)	8	7
	6	
	2	7
	2	7
		0

2

	2	3
4)	9	2
	8	
	1	2
	1	2
		0

3

	1	7
3)	5	1
	3	
	2	1
	2	1
		0

4

	1	7
4)	6	8
	4	
	2	8
	2	8
		0

5

	2	4
3)	7	2
	6	
	1	2
	1	2
		0

6

	4	6
×		5
2	3	0

7

	1	6
4)	6	4
	4	
	2	4
	2	4
		0

8

	1	3
7)	9	1
	7	
	2	1
	2	1
		0

9

	2	9
3)	8	7
	6	
	2	7
	2	7
		0

10

	1	8
3)	5	4
	3	
	2	4
	2	4
		0

11

	1	4
6)	8	4
	6	
	2	4
	2	4
		0

12

	2	6
×	1	7
1	8	2
2	6	
4	4	2

선생님놀이

4

	1	7
4)	6	8
	4	
	2	8
	2	8
		0

4×10=40이므로 십의 자리에 1을 써요. 68−40=28이므로 28을 내림하여 일의 자리를 계산해요. 4×7=28이므로 일의 자리에 7을 쓰면, 몫은 17이에요.

9

	2	9
3)	8	7
	6	
	2	7
	2	7
		0

3×20=60이므로 십의 자리에 2를 써요. 87−60=27이므로 27을 내림하여 일의 자리를 계산해요. 3×9=27이므로 일의 자리에 9를 쓰면, 몫은 29예요.

개념 키우기 **070쪽**

1 식: $75\div5=15$ 답: 15
2 식: $30\div2=15$ 답: 15
3 (1) 식: $84\div6=14$ 답: 14
(2) 식: $32\div2=16$ 답: 16
(3) 식: $91\div7=13$ 답: 13

1 복숭아 75개를 접시 하나에 5개씩 나누어 담으려면 접시는 모두 $75\div5=15$(개) 필요합니다.
2 클립 30개를 한 명에게 2개씩 나누어 주려면 모두 $30\div2=15$(명)에게 나누어 줄 수 있습니다.
3 (1) 롤러코스터 1회 탑승 인원은 6명입니다. 어린이 84명이 롤러코스터를 모두 한 번씩 타려면 롤러코스터는 모두 $84\div6=14$(회) 운영해야 합니다.
(2) 범퍼카의 탑승 인원은 2명입니다. 어린이 32명이 범퍼카를 타려면 범퍼카는 모두 $32\div2=16$(대) 필요합니다.
(3) 자이로드롭의 탑승 인원은 7명입니다. 한 시간 동안 자이로드롭을 이용한 어린이가 91명이므로, 이 놀이공원은 자이로드롭을 한 시간 동안 $91\div7=13$(회) 운영했습니다.

개념 다시보기 **071쪽**

1 19; 10, 9
2 13; 10, 3
3 17; 10, 7
4 14
5 24
6 12

도전해 보세요 **071쪽**

1
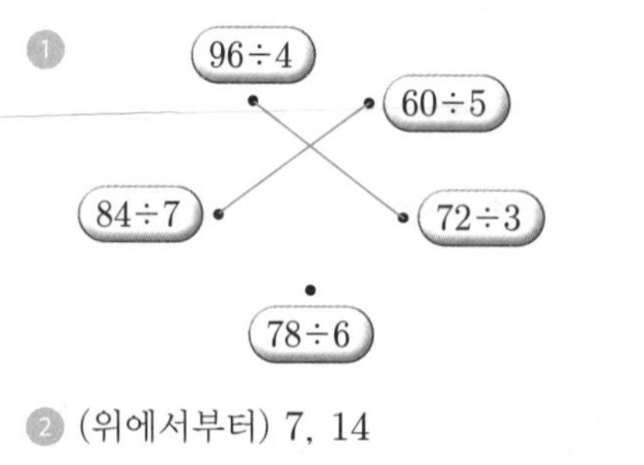

2 (위에서부터) 7, 14

1 하나씩 계산하여 몫이 같은 것끼리 잇습니다. $96\div4=24$, $72\div3=24$로 몫이 같습니다. $84\div7=12$, $60\div5=12$로 몫이 같습니다. 선으로 이으면 이런 모양이 됩니다.

11단계 내림이 없고 나머지가 있는 (몇십몇)÷(몇)

배운 것을 기억해 볼까요? **072쪽**

1 3, 5
2 (1) 13 (2) 12
3 (1) 16 (2) 16

개념 익히기 **073쪽**

1 2…3; 2
2 21…2; 20, 1
3 5…4; 5
4 7…1; 7
5 8…2; 8
6 11…3; 10, 1
7 11…2; 10, 1
8 10…5; 10, 0

개념 다지기 **074쪽**

1 4…2
2 6…2
3 23…1
4 20…2
5 11…1
6 31…1
7 294
8 11…3
9 34…1
10 6…2
11 190
12 10…7

선생님놀이

5

	1	1
4)	4	5
	4	
		5
		4
		1

$4\times10=40$이므로 십의 자리에 1을 써요. $45-40=5$이므로 5를 내림하여 일의 자리를 계산해요. $4\times1=4$이므로 일의 자리에 1을 써요. $5-4=1$이고 1은 4보다 작으므로 몫은 11이고, 나머지는 1이에요.

10

		6
4)	2	6
	2	4
		2

$4\times6=24$이므로 일의 자리에 6을 써요. $26-24=2$이므로 2를 내림하여 일의 자리를 계산해요. 2는 4보다 작으므로 몫은 6이고, 나머지는 2예요.

개념 다지기 075쪽

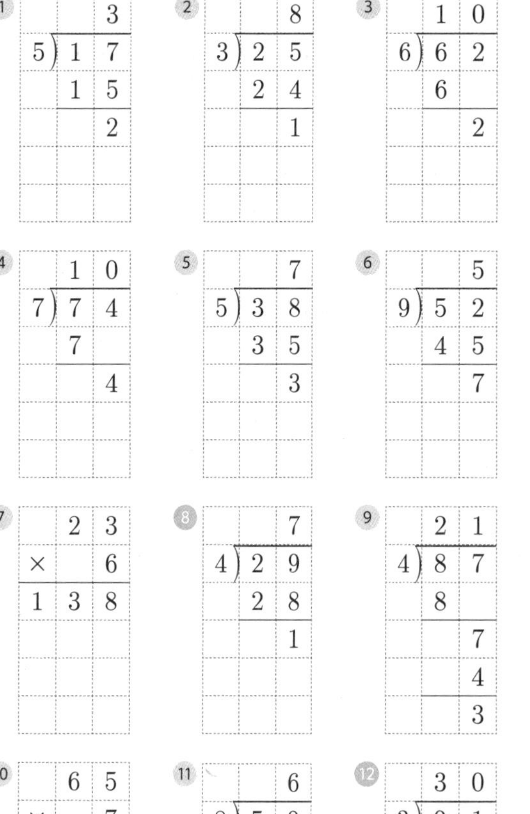

선생님놀이

8. | | | 7 |
|---|---|---|
| 4) | 2 | 9 |
| | 2 | 8 |
| | | 1 |

4×7=28이므로 일의 자리에 7을 써요. 29−28=1이므로 1을 내림하여 일의 자리를 계산해요. 1은 4보다 작으므로 몫은 7이고, 나머지는 1이에요.

12. | | 3 | 0 |
|---|---|---|
| 3) | 9 | 1 |
| | 9 | |
| | | 1 |

3×30=90이므로 십의 자리에 3을 써요. 91−90=1이므로 1을 내림하여 일의 자리를 계산해요. 1은 3보다 작으므로 몫은 30이고, 나머지는 1이에요.

개념 키우기 076쪽

1. 식: 65÷7=9⋯2 답: 9, 2
2. 식: 15÷4=3⋯3 답: 3, 3
3. (1) 식: 65÷3=21⋯2 답: 22
   (2) 식: 73÷5=14⋯3 답: 15
   (3) 식: 59÷4=14⋯3 답: 3

1. 65÷7를 계산하면 몫은 9, 나머지는 2입니다. 따라서 한 명이 최대 9개씩 가질 수 있고 2개가 남습니다.
2. 탁구공 15개를 한 모둠에 4개씩 나누어 준다면 식을 15÷4로 세울 수 있습니다. 계산하면 몫은 3, 나머지는 3입니다. 따라서 3모둠에 4개씩 나누어 줄 수 있고 3개가 남습니다.
3. (1) ㉮리프트 한 대의 탑승 인원은 3명입니다. ㉮리프트에 어린이 65명이 타려면 식을 65÷3로 세울 수 있습니다. 계산하면 몫은 21, 나머지는 2입니다. 어린이 65명이 모두 타야 하므로 리프트는 모두 22대 필요합니다.
   (2) ㉯리프트 한 대의 탑승 인원은 5명입니다. ㉯리프트에 어린이 73명이 타려면 식을 73÷5로 세울 수 있습니다. 계산하면 몫은 14, 나머지는 3입니다. 어린이 73명이 모두 타야 하므로 리프트는 모두 15대 필요합니다.
   (2) ㉰리프트 한 대의 탑승 인원은 4명입니다. ㉰리프트에 어린이 59명이 탔으므로 식을 59÷4로 세울 수 있습니다. 계산하면 몫은 14, 나머지는 3입니다. ㉰리프트 15대에 4명씩 차례대로 탔으므로, 4명씩 타지 못한 어린이는 3명입니다.

개념 다시보기 077쪽

1. 7⋯2; 7
2. 41⋯1; 40, 1
3. 11⋯2; 10, 1
4. 3⋯2
5. 21⋯2
6. 21⋯3

도전해 보세요 077쪽

1. 4, 7, 6, 3 또는 4, 6, 7, 3
2. 22

2. 양팔 저울이 수평을 이루고 있으므로 양쪽의 무게는 같습니다. 공 4개의 무게를 구하기 위해 105 g−17 g을 계산하면 88 g이 나옵니다. 공이 4개이므로 88÷4=22, 따라서 공 한 개의 무게는 22 g입니다.

12단계 내림이 있고 나머지가 있는 (몇십몇)÷(몇)

배운 것을 기억해 볼까요? 078쪽

1 (1) 5 (2) 4
2 6…2
3 (1) 5, 6 (2) 6, 4

개념 익히기 079쪽

1 12…4; 10, 2
2 26…1; 20, 6
3 14…1; 10, 4
4 14…1; 10, 4
5 11…6; 10, 1
6 16…2; 10, 6
7 12…3; 10, 2
8 23…2; 20, 3

개념 다지기 080쪽

1 15…2
2 14…3
3 18…1
4 130
5 13…4
6 9…6
7 14…4
8 46…1
9 12…3
10 11…3
11 15…2
12 15…2

선생님놀이

8

	4	6
2)	9	3
	8	
	1	3
	1	2
		1

2×40=80이므로 십의 자리에 4를 써요. 93−80=13이므로 13을 내림하여 일의 자리를 계산해요. 2×6=12이므로 일의 자리에 6을 쓰면 13−12=1이고 1은 2보다 작으므로 몫은 46, 나머지는 1이에요.

10

	1	1
7)	8	0
	7	
	1	0
		7
		3

7×10=70이므로 십의 자리에 1을 써요. 80−70=10이므로 10을 내림하여 일의 자리를 계산해요. 7×1=7이므로 일의 자리에 1을 쓰면 10−7=3이고 3은 7보다 작으므로 몫은 11, 나머지는 3이에요.

개념 다지기 081쪽

1

	1	4
4)	5	9
	4	
	1	9
	1	6
		3

2

	1	2
5)	6	2
	5	
	1	2
	1	0
		2

3

		3
×	4	7
1	4	1

4

	1	5
6)	9	5
	6	
	3	5
	3	0
		5

5

	2	5
2)	5	1
	4	
	1	1
	1	0
		1

6

	1	3
6)	8	3
	6	
	2	3
	1	8
		5

7

		2
7)	1	8
	1	4
		4

8

	1	5
5)	7	7
	5	
	2	7
	2	5
		2

9

	1	6
3)	4	9
	3	
	1	9
	1	8
		1

10

	2	7
3)	8	3
	6	
	2	3
	2	1
		2

11

	1	3
6)	8	2
	6	
	2	2
	1	8
		4

12

	2	2
4)	9	0
	8	
	1	0
		8
		2

선생님놀이

5

	2	5
2)	5	1
	4	
	1	1
	1	0
		1

2×20=40이므로 십의 자리에 2를 써요. 51−40=11이므로 11을 내림하여 일의 자리를 계산해요. 2×5=10이므로 일의 자리에 5를 쓰면 11−10=1이고, 1은 2보다 작으므로 몫은 25, 나머지는 1이에요.

12

	2	2
4)	9	0
	8	
	1	0
		8
		2

4×20=80이므로 십의 자리에 2를 써요. 90−80=10이므로 10을 내림하여 일의 자리를 계산해요. 4×2=8이므로 일의 자리에 2를 쓰면 10−8=2이고 2는 4보다 작으므로 몫은 22, 나머지는 2예요.

개념 키우기 **082쪽**

1 식: 64÷5=12…4 답: 12, 4
2 식: 82÷6=13…4 답: 13, 4
3 (1) 식: 50÷3=16…2 답: 16
(2) 식: 90−6=84, 84÷7=12 답: 12
(3) 식: 70÷4=17…2 답: 17, 2

1 붙임딱지 64장을 한 명에게 5장씩 나누어 주면 모두 몇 명에게 나누어 줄 수 있고, 몇 장이 남는지 알기 위해서는 64÷5로 식을 세울 수 있습니다. 계산하면 몫은 12, 나머지는 4입니다. 따라서 모두 12명에게 나누어 줄 수 있고, 4장이 남습니다.
2 사탕 82개를 6봉지에 똑같이 나누어 담으므로 82÷6으로 식을 세울 수 있습니다. 계산하면 몫은 13, 나머지는 4입니다. 따라서 한 봉지에 사탕을 13개씩 담을 수 있고, 4개가 남습니다.
3 (1) 50냥으로 3냥인 입장권을 몇 장 살 수 있는지 물었으므로 50÷3을 계산합니다. 계산하면 몫은 16, 나머지는 2임을 알 수 있습니다. 따라서 50냥으로 살 수 있는 입장권은 모두 16장입니다.
(2) 장터 국밥을 먹기 위해 90냥을 내고 6냥을 거슬러 받았으므로 장터 국밥의 값은 모두 90−6=84(냥)입니다. 장터 국밥 한 그릇의 가격이 7냥이므로 84÷7을 계산하면 장터 국밥을 모두 몇 그릇 먹은 것인지 알 수 있습니다. 84÷7=12이므로 답은 12그릇입니다.
(3) 전통 그릇 만들기 체험은 4냥입니다. 체험에 참여하기 위해 70냥을 냈으므로 70÷4로 식을 세울 수 있습니다. 계산하면 몫은 17, 나머지는 2입니다. 따라서 모두 17명이 참여할 수 있고, 2냥이 남습니다.

개념 다시보기 **083쪽**

1 14…4; 10, 4
2 28…1; 20, 8
3 13…5; 10, 3
4 15…3
5 13…4
6 19…1

도전해 보세요 **083쪽**

1 3, 3
2

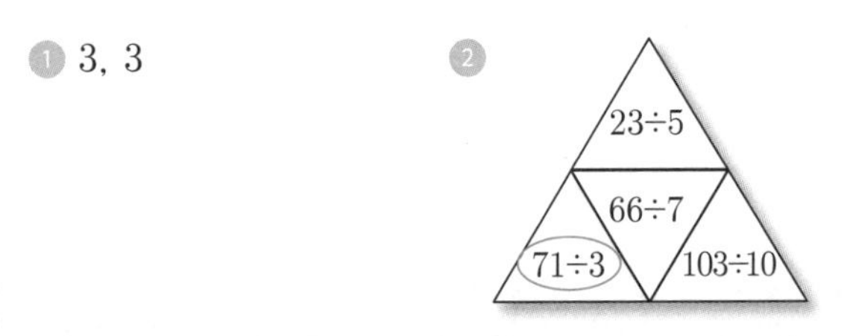

1 어떤 수와 5를 곱한 값이 90이므로 어떤 수를 구하기 위해서는 90÷5를 계산해야 합니다. 계산하면 어떤 수는 18입니다. 바르게 계산한 값을 물었으므로 18÷5를 계산하면 몫은 3, 나머지는 3입니다.

13단계 나머지가 없는 (세 자리 수)÷(한 자리 수)

배운 것을 기억해 볼까요? **084쪽**

1 19
2 12
3 18

개념 익히기 **085쪽**

1 77; 70, 7
2 65; 60, 5
3 176; 100, 70, 6
4 248; 200, 40, 8
5 109; 100, 9
6 107; 100, 7

개념 다지기 **086쪽**

1 84
2 57
3 87
4 2900
5 150
6 102
7 101
8 155
9 2368

선생님놀이

6

	1	0	2
6)	6	1	2
	6		
		1	2
		1	2
			0

6×100=600이므로 백의 자리에 1을 써요. 612−600=12이므로 십의 자리에서는 나눗셈을 할 수 없어요. 십의 자리에 0을 쓰고, 12를 내림하여 일의 자리를 계산해요. 6×2=12이므로 일의 자리에 2를 쓰면 몫은 102예요.

8

		1	5	5
	4)	6	2	0
		4		
		2	2	
		2	0	
			2	0
			2	0
				0

4×100=400이므로 백의 자리에 1을 써요. 620−400=220이므로 220을 내림하여 십의 자리를 계산해요. 4×50=200이므로 십의 자리에 5를 쓰고, 220−200=20이므로 20을 내림하여 일의 자리를 계산해요. 4×5=20이므로 일의 자리에 5를 쓰면 몫은 155예요.

개념 다지기 087쪽

1

		7	5
7)	5	2	5
	4	9	
		3	5
		3	5
			0

2

		7	4
8)	5	9	2
	5	6	
		3	2
		3	2
			0

3

		6	4
5)	3	2	0
	3	0	
		2	0
		2	0
			0

4

	2	0	6
4)	8	2	4
	8		
		2	4
		2	4
			0

5

	2	0	8
3)	6	2	4
	6		
		2	4
		2	4
			0

6

	5	2	9
×			7
3	7	0	3

7

	1	3	6
5)	6	8	0
	5		
	1	8	
	1	5	
		3	0
		3	0
			0

8

	1	3	3
4)	5	3	2
	4		
	1	3	
	1	2	
		1	2
		1	2
			0

9

	1	4	2
7)	9	9	4
	7		
	2	9	
	2	8	
		1	4
		1	4
			0

선생님놀이

8

		1	3	3
	4)	5	3	2
		4		
		1	3	
		1	2	
			1	2
			1	2
				0

4×100=400이므로 백의 자리에 1을 써요. 532−400=132이므로 132를 내림하여 십의 자리를 계산해요. 4×30=120이므로 십의 자리에 3을 쓰고, 132−120=12이므로 12를 내림하여 일의 자리를 계산해요. 4×3=12이므로 일의 자리에 3을 쓰면 몫은 133이에요.

개념 키우기 088쪽

1 식: 348÷4=87 답: 87
2 식: 625÷5=125 답: 125
3 (1) 식: 900÷4=225 답: 225
(2) 식: 980÷5=196 답: 196
(3) 식: 330÷6=55 답: 55

1 4가족이 밤 줍기 행사에서 주운 348개의 밤을 똑같이 나누어야 하므로 한 가족이 가져갈 수 있는 밤은 348÷4=87(개)입니다.
2 라면 5봉지의 무게가 625 g이므로 한 봉지의 무게는 625÷5=125(g)입니다.
3 (1) 우유 한 갑은 900 mL입니다. 우유 한 갑을 컵 4개에 똑같이 나누어 따랐으므로 우유 한 컵의 양은 900÷4=225(mL)입니다.
(2) 생수 한 병은 980 mL입니다. 생수 한 병을 5명이 똑같이 나누어 마셨으므로 한 사람이 마신 생수의 양은 980÷5=196(mL)입니다.
(3) 사이다 한 캔은 330 mL입니다. 사이다 한 캔을 유리컵 6개에 똑같이 나누어 따르려면 유리컵 한 개에 330÷6=55(mL)씩 따르면 됩니다.

개념 다시보기 089쪽

1 43　2 260　3 67
4 144　5 125　6 134

도전해 보세요 089쪽

1 4, 4　2 12, 3 또는 6, 3

1 82□÷□=206입니다. 나머지가 없이 정확히 나누어 떨어지는 식이므로, 82□에 206이 몇 번 들어갈 수 있는지 계산해 답을 구할 수 있습니다.
206×1=206
206×2=412
206×3=618
206×4=824
82□에 206이 4번 들어갈 수 있으므로,
82[4]÷[4]=206임을 알 수 있습니다.
2 두 가지 방법으로 풀 수 있습니다. 먼저, 6이 12

번 들어가고 3을 더하여 75가 되었으므로 어떤 나눗셈식이 75÷6임을 알 수 있습니다. 계산하면 몫은 12, 나머지는 3입니다. 다음으로, 12가 6번 들어가고 3을 더하여 75가 되었으므로 어떤 나눗셈이 75÷12이고 몫은 6, 나머지는 3이 될 수 있습니다.

14단계 나머지가 있는 (세 자리 수)÷(한 자리 수)

배운 것을 기억해 볼까요? 090쪽

1 (1) 5, 1 (2) 6, 6

2 22…1

3 (1) 68 (2) 70

개념 익히기 091쪽

1 65…3; 60, 5

2 92…1; 90, 2

3 151…3; 100, 50, 1

4 187…1; 100, 80, 7

5 205…1; 200, 5

6 207…2; 200, 7

개념 다지기 092쪽

1 96…2

2 91…1

3 53…5

4 203

5 101…3

6 1385

7 194…2

8 382…1

9 111…1

선생님놀이

5

	1	0	1
6)	6	0	9
	6		
			9
			6
			3

6×100=600이므로 백의 자리에 1을 써요. 609−600=9이므로 십의 자리에서는 나눗셈을 할 수 없습니다. 십의 자리에 0을 쓰고, 9를 내림하여 일의 자리를 나눗셈해요. 6×1=6이므로 일의 자리에 1을 쓰면 9−6=3이고 3은 6보다 작으므로 몫은 101, 나머지는 3이에요.

7

	1	9	4
3)	5	8	4
	3		
	2	8	
	2	7	
		1	4
		1	2
			2

3×100=300이므로 백의 자리에 1을 써요. 584−300=284이므로 284를 내림하여 십의 자리를 계산해요. 3×90=270이므로 십의 자리에 9를 쓰고, 284−270=14이므로 14를 내림하여 일의 자리를 계산해요. 3×4=12이므로 일의 자리에 4를 쓰면 14−12=2이고 2는 3보다 작으므로 몫은 194, 나머지는 2예요.

개념 다지기 093쪽

1

		9	8
4)	3	9	5
	3	6	
		3	5
		3	2
			3

2

		3	8
5)	1	9	2
	1	5	
		4	2
		4	0
			2

3

		8	8
6)	5	2	9
	4	8	
		4	9
		4	8
			1

4

		8	2
8)	6	5	8
	6	4	
		1	8
		1	6
			2

5

	1	2	0
3)	3	6	2
	3		
		6	2
		6	
			2

6

		3	4
	×	4	8
	2	7	2
1	3	6	
1	6	3	2

7

	1	4	5
5)	7	2	9
	5		
	2	2	
	2	0	
		2	9
		2	5
			4

8

	1	0	0
7)	7	0	4
	7		
			4

9

	1	2	4
8)	9	9	9
	8		
	1	9	
	1	6	
		3	9
		3	2
			7

선생님놀이

3

		8	8
6)	5	2	9
	4	8	
		4	9
		4	8
			1

6×8=48이므로 십의 자리에 8을 써요. 529−480=49예요. 6×8=48이므로 일의 자리에 8을 써서 계산하면 49−48=1이고 1은 6보다 작으므로 몫은 88, 나머지는 1이에요.

개념 키우기 **094쪽**

1 식: 300÷8=37…4 답: 37, 4
2 식: 750÷8=93…6 답: 93, 6
3 (1) 식: 500÷3=166…2 답: 2
(2) 5구 상자, 10구 상자
(3) 식: 500÷8=62…4 답: 62, 4

1 자두 300개를 한 상자에 8개씩 담아 포장해야 하므로 300÷8을 계산합니다. 몫은 37, 나머지는 4이므로 37개의 상자가 필요하고 남는 자두는 4개입니다.
2 도화지 750장을 8학급에 똑같이 나누어 주려 하므로 750÷8을 계산합니다. 몫은 93, 나머지는 6이므로 한 학급에 도화지를 93장씩 줄 수 있고 남는 도화지는 6장입니다.
3 (1) 야구공 500개를 3구 상자에 나누어 담아 포장하려고 하므로 500÷3을 계산하고 나머지를 구합니다. 500÷3=166…2이므로 포장하고 남는 야구공은 2개입니다.
(2) 야구공 500개를 모두 나누어 담을 때 남는 야구공이 없는 상자를 구하려면 나머지가 없이 나누어떨어지는 수를 구해야 합니다. 3구, 5구, 6구, 8구, 10구 상자가 있으므로 차례로 계산합니다. 3구 상자에 나누어 담을 경우 500÷3=166…2로 야구공이 2개 남습니다. 5구 상자에 나누어 담을 경우 500÷5=100으로 나누어떨어집니다. 6구 상자에 나누어 담을 경우 500÷6=83…2로 야구공이 2개 남습니다. 8구 상자에 나누어 담을 경우 500÷8=62…4로 야구공이 4개 남습니다. 10구 상자에 나누어 담을 경우 500÷10=50으로 나누어떨어집니다. 따라서 답은 5구 상자, 10구 상자입니다.
(3) 야구공 500개를 8구 상자에 가득 채워 나누어 담으려고 하므로 500÷8을 계산합니다. 500÷8=62…4이므로 필요한 상자는 모두 62개, 남는 야구공은 4개입니다.

개념 다시보기 **095쪽**

1 62…2 2 51…1 3 260…1
4 105…4 5 182…1 6 324…1

도전해 보세요 **095쪽**

1 316 2 6, 5, 0

1 어떤 수를 6으로 나누었더니 몫이 52, 나머지가 4였다고 했습니다. 나누는 수에 몫을 곱한 뒤, 나머지를 더하여 나누어지는 수를 구할 수 있으므로 6×52+4로 식을 세울 수 있습니다. 계산하면 어떤 수는 316입니다.
2 630을 어떤 수로 나누었더니 몫이 10□이었습니다. 몫이 100을 넘으려면 나누는 수는 7보다 작아야 하므로 10□에 들어갈 수 있는 수는 0, 1, 2, 3, 4, 5, 6 중 하나입니다. 630을 6으로 나누면 몫이 105로 나머지 없이 나누어떨어지므로 빈칸에 들어갈 답은 6, 5, 0입니다.

15단계 분수만큼 알아보기

배운 것을 기억해 볼까요? **096쪽**

1 $\frac{3}{8}$ 2 5

개념 익히기 **097쪽**

1 2, 4
2 2, 6
3 예
; 3, 12
4 예
; 2, 4
5 예
; 2, 4
6 예
; 3, 6

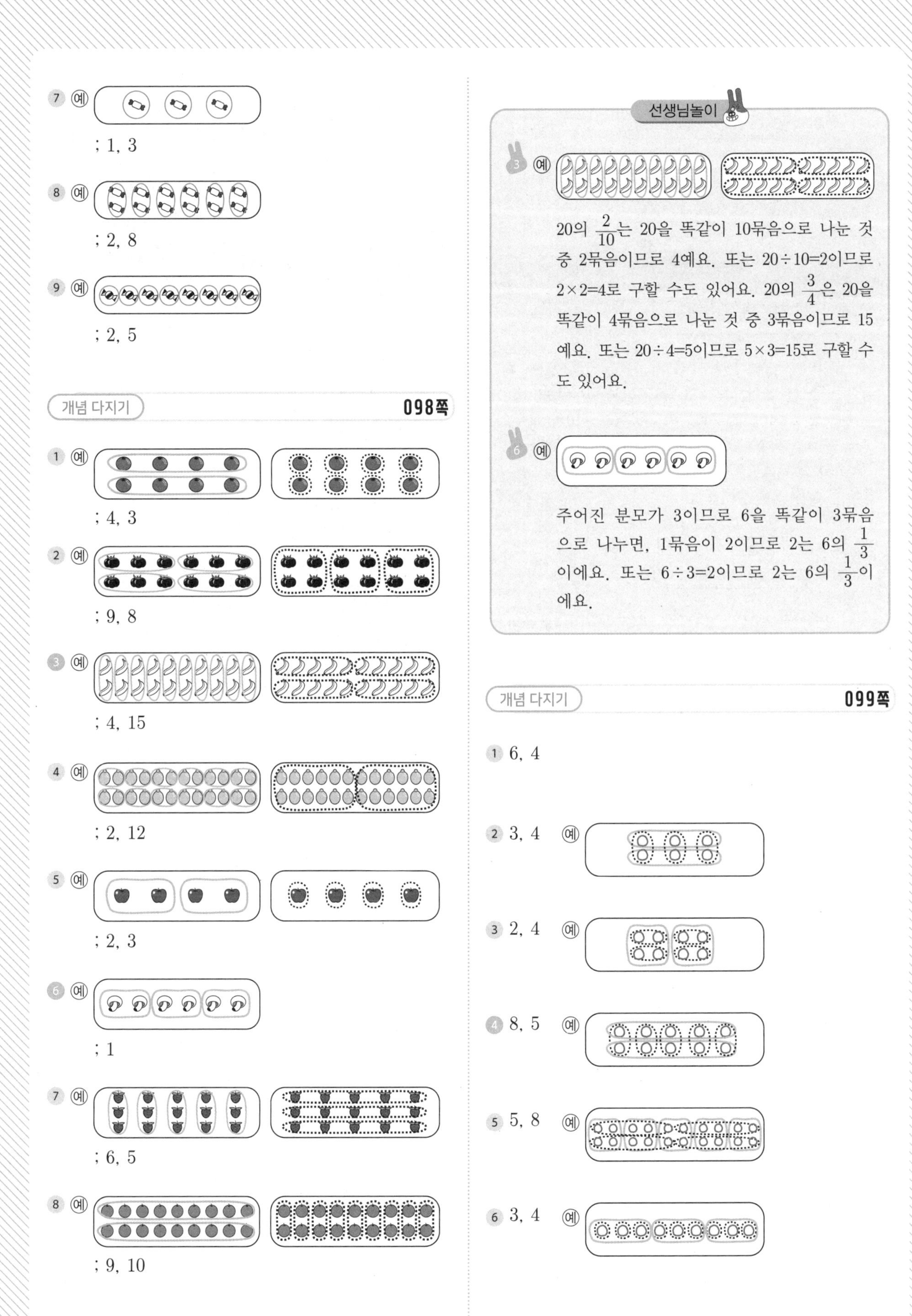

7 예 ; 1, 3

8 예 ; 2, 8

9 예 ; 2, 5

개념 다지기 **098쪽**

1 예 ; 4, 3

2 예 ; 9, 8

3 예 ; 4, 15

4 예 ; 2, 12

5 예 ; 2, 3

6 예 ; 1

7 예 ; 6, 5

8 예 ; 9, 10

선생님놀이

3 예

20의 $\frac{2}{10}$는 20을 똑같이 10묶음으로 나눈 것 중 2묶음이므로 4예요. 또는 20÷10=2이므로 2×2=4로 구할 수도 있어요. 20의 $\frac{3}{4}$은 20을 똑같이 4묶음으로 나눈 것 중 3묶음이므로 15예요. 또는 20÷4=5이므로 5×3=15로 구할 수도 있어요.

6 예

주어진 분모가 3이므로 6을 똑같이 3묶음으로 나누면, 1묶음이 2이므로 2는 6의 $\frac{1}{3}$이에요. 또는 6÷3=2이므로 2는 6의 $\frac{1}{3}$이에요.

개념 다지기 **099쪽**

1 6, 4

2 3, 4 예

3 2, 4 예

4 8, 5 예

5 5, 8 예

6 3, 4 예

7 2, 1 예

8 1, 1 예

선생님놀이

4 예

10의 $\frac{4}{5}$는 10을 똑같이 5묶음으로 나눈 것 중 4묶음이므로 8이에요. 또는 $10 \div 5=2$이므로 $2 \times 4=8$로 구할 수도 있어요. 10의 $\frac{1}{2}$은 10을 똑같이 2묶음으로 나눈 것 중 1묶음이므로 5예요. 또는 $10 \div 2=5$이므로 $5 \times 1=5$로 구할 수도 있어요.

7 예

주어진 분모가 3이므로 18을 똑같이 3묶음으로 나누면, 1묶음이 6이에요. 12는 $12 \div 6=2$, 2묶음이므로 12는 18의 $\frac{2}{3}$이고, 6은 $6 \div 6=1$, 1묶음이므로 6은 18의 $\frac{1}{3}$이에요.

개념 키우기 100쪽

1 4
2 8
3 (1) 4 (2) 5 (3) 3

1 진호는 건전지 6개를 사서 그중 $\frac{2}{3}$를 사용했다고 했습니다. 6을 똑같이 3으로 나눈 것 중 2만큼 사용했으므로 진호가 사용한 건전지는 모두 4개입니다. 또는, $6 \div 3=2$이므로 $2 \times 2=4$로 구할 수도 있습니다.

2 하루 24시간의 $\frac{1}{3}$은 24를 똑같이 3으로 나눈 것 중 1만큼이므로 8시간입니다. 또는, $24 \div 3=8$이므로 $8 \times 1=8$로 구할 수도 있습니다.

3 (1) 전체 벽의 길이가 12 m입니다. 12 m의 $\frac{2}{6}$만큼 담쟁이를 심으려고 할 때, 담쟁이를 심는 벽의 길이는 12를 똑같이 6으로 나눈 것 중 2만큼이므로 4 m입니다. 또는, $12 \div 6=2$이므로 $2 \times 2=4$로 구할 수도 있습니다.

(2) 12 m의 $\frac{5}{12}$만큼 벽화를 그리려고 할 때, 벽화를 그리는 벽의 길이는 12를 똑같이 12로 나눈 것 중 5만큼이므로 5 m입니다. 또는, $12 \div 12=1$이므로 $1 \times 5=5$로 구할 수도 있습니다.

(3) 전체 벽의 길이가 12 m일 때 담쟁이를 심는 벽의 길이가 4 m, 벽화를 그리는 벽의 길이가 5 m이므로 남은 벽의 길이는 $12-4-5=3$(m)입니다.

개념 다시보기 101쪽

1 4 예

2 9 예

3 3 예

4 4 예

5 10 예

6 10 예

도전해 보세요 101쪽

1 16
2 빨간색 4개, 파란색 9개, 노란색 4개를 색칠합니다.

1 귤 한 박스에 귤이 24개 들어 있으므로 먼저 24의 $\frac{1}{3}$을 계산합니다. $24 \div 3=8$이므로 $8 \times 1=8$, 어제 먹은 귤은 8개이고 박스에는 귤이 $24-8=16$(개) 남아 있습니다.

16단계 여러 가지 분수

배운 것을 기억해 볼까요? 102쪽

1 $\frac{3}{5}$　　2 2

개념 익히기 103쪽

1 $\frac{5}{2}$　　2 $1\frac{2}{3}$

3 $\frac{8}{5}$　　4 $\frac{13}{6}$

5 $\frac{11}{3}$　　6 $1\frac{3}{4}$

7 $1\frac{5}{6}$　　8 $1\frac{3}{5}$

9 $\frac{17}{7}$; 14, 14, 17　　10 $1\frac{7}{9}$; 1, 7

11 $3\frac{3}{4}$; 3, 3

개념 다지기 104쪽

1 $\frac{13}{5}$; 10, 10, 13　　2 $2\frac{1}{4}$; 2, 1

3 $\frac{13}{6}$; 12, 12, 13　　4 $2\frac{1}{3}$; 2, 1

5 $\frac{47}{8}$; 40, 40, 47　　6 $4\frac{1}{5}$; 4, 1

7 $\frac{9}{2}$; 8, 8, 9　　8 $1\frac{4}{5}$; 1, 4

9 $\frac{15}{12}$; 12, 12, 15　　10 $\frac{15}{4}$; 12, 12, 15

11 $4\frac{1}{6}$; 4, 1　　12 $\frac{22}{8}$; 16, 16, 22

선생님놀이

3 곱셈을 이용해 대분수 $2\frac{1}{6}$을 가분수로 나타낼 수 있어요. 2×6=12, 12+1=13이므로 $2\frac{1}{6}$을 가분수로 나타내면 $\frac{13}{6}$이에요.

11 나눗셈을 이용해 가분수 $\frac{25}{6}$를 대분수로 나타낼 수 있어요. 25÷6=4⋯1이므로 $\frac{25}{6}$를 대분수로 나타내면 $4\frac{1}{6}$이에요.

개념 다지기 105쪽

1 $\frac{14}{3}$; 4×3=12 → 12+2=14

2 $\frac{10}{6}$; 1×6=6 → 6+4=10

3 $\frac{23}{10}$; 2×10=20 → 20+3=23

4 $1\frac{1}{4}$; 5÷4=1⋯1

5 $3\frac{1}{2}$; 7÷2=3⋯1

6 $3\frac{1}{3}$; 10÷3=3⋯1

7 $1\frac{5}{10}$; 15÷10=1⋯5

8 $\frac{11}{5}$; 2×5=10 → 10+1=11

9 $\frac{23}{7}$; 3×7=21 → 21+2=23

10 $1\frac{5}{6}$; 11÷6=1⋯5

11 $2\frac{3}{5}$; 13÷5=2⋯3

12 $\frac{10}{4}$; 2×4=8 → 8+2=10

선생님놀이

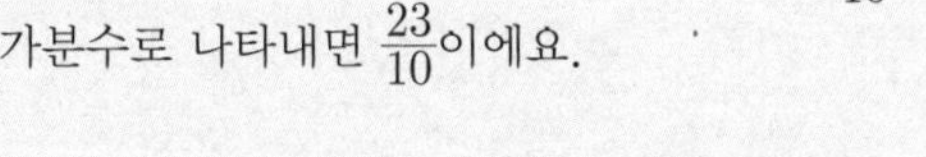

3 곱셈을 이용해 대분수 $2\frac{3}{10}$을 가분수로 나타낼 수 있어요. 2×10=20, 20+3=23이므로 $2\frac{3}{10}$을 가분수로 나타내면 $\frac{23}{10}$이에요.

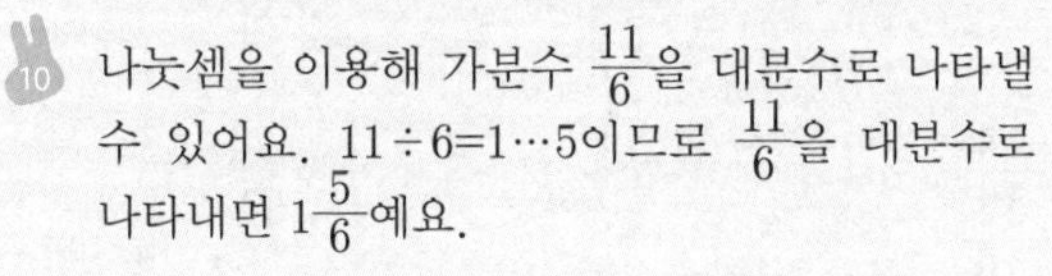

10 나눗셈을 이용해 가분수 $\frac{11}{6}$을 대분수로 나타낼 수 있어요. 11÷6=1⋯5이므로 $\frac{11}{6}$을 대분수로 나타내면 $1\frac{5}{6}$예요.

개념 키우기 106쪽

1 (1) $8\frac{4}{5}$　(2) $\frac{44}{5}$

2 (1) $\frac{3}{6}$　(2) $2\frac{3}{6}$　(3) $4\frac{2}{8}$

1 (1) 수 카드를 큰 순서대로 나열하면 8, 4, 3입니다. 그중 2장을 골라 분모가 5인 가장 큰 대분수를 만들어야 하므로 자연수 자리에 가장 큰 수인 8을, 분자 자리에 다음으로 큰 수인 4를 넣습니다.

(2) 곱셈을 이용해 $8\frac{4}{5}$를 가분수로 나타낼 수 있습니다. $8\times5=40 \rightarrow 40+4=44$이므로 $8\frac{4}{5}$를 가분수로 나타내면 $\frac{44}{5}$입니다.

2 (1) 3개의 케이크를 6조각씩 나누어 놓았습니다. 한 케이크에서 2조각, 다른 케이크에서 1조각이 팔렸으므로 판매된 케이크 조각은 $\frac{3}{6}$입니다.

(2) 3조각이 팔렸으므로 15조각이 남았습니다. 남은 케이크 조각을 분수로 나타내면 $\frac{15}{6}$입니다. $\frac{15}{6}$를 대분수로 나타내면 $15\div6=2\cdots3$이므로 $2\frac{3}{6}$입니다.

(3) 피자 5판을 8조각씩 나누어 놓았습니다. 6조각이 팔렸으므로 34조각이 남았습니다. 남은 피자 조각을 분수로 나타내면 $\frac{34}{8}$입니다. $\frac{34}{8}$를 대분수로 나타내면 $34\div8=4\cdots2$이므로 $4\frac{2}{8}$입니다.

개념 다시보기 **107쪽**

1 $\frac{14}{4}$ 2 $2\frac{3}{5}$ 3 $\frac{7}{3}$
4 $3\frac{2}{4}$ 5 $1\frac{3}{6}$ 6 $\frac{85}{8}$
7 $\frac{15}{10}$ 8 $2\frac{6}{7}$ 9 $\frac{24}{5}$
10 $\frac{19}{8}$ 11 $4\frac{1}{6}$ 12 $5\frac{2}{3}$

도전해 보세요 **107쪽**

1 $\frac{9}{8}$, $1\frac{1}{8}$ 2 7, 5, $\frac{54}{7}$

1 색칠된 부분을 세면 모두 9칸입니다. 이를 가분수로 나타내면 $\frac{9}{8}$입니다. $\frac{9}{8}$를 대분수로 나타내면 $1\frac{1}{8}$이 됩니다.

2 수 카드를 큰 순서대로 나열하면 7, 5, 3, 1입니다. 분모가 7인 가장 큰 대분수를 만들어야 하므로 자연수 자리에 가장 큰 수인 7을, 분자 자리에 다음으로 큰 수인 5를 넣으면 $7\frac{5}{7}$입니다. 곱셈을 이용해 가분수로 만들면 $7\times7=49 \rightarrow 49+5=54$이므로 $\frac{54}{7}$입니다.

17단계 들이의 덧셈

배운 것을 기억해 볼까요? **108쪽**

1 3000, 1080 2 1, 53, 40 3 1240

개념 익히기 **109쪽**

1 4, 700 2 4, 200 3 4, 500 4 7, 900
5 7, 200 6 3, 600 7 9, 100 8 5, 900
9 8, 800 10 9, 200

개념 다지기 **110쪽**

1

	1 L	500 mL
+	2 L	300 mL
	3 L	800 mL

2

	4 L	200 mL
+	3 L	500 mL
	7 L	700 mL

3

	2 L	600 mL
+	4 L	200 mL
	6 L	800 mL

4

	5 L	300 mL
+	4 L	100 mL
	9 L	400 mL

5

	5 L	700 mL
+	3 L	400 mL
	9 L	100 mL

6

	7 L	200 mL
+	1 L	600 mL
	8 L	800 mL

7

	4 L	200 mL
+	5 L	300 mL
	9 L	500 mL

8

	8 L	700 mL
+	3 L	400 mL
	12 L	100 mL

9

	1 L	900 mL
+	2 L	900 mL
	4 L	800 mL

10

	5 L	400 mL
+	2 L	500 mL
	7 L	900 mL

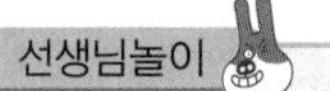

선생님놀이

3

	2 L	600 mL
+	4 L	200 mL
	6 L	800 mL

L는 L끼리, mL는 mL끼리 더해요. mL부터 계산하면 600 mL+200 mL=800 mL이고, L는 2 L+4 L=6 L이므로, 답은 6 L 800 mL예요.

8

	8 L	700 mL
+	3 L	400 mL
	12 L	100 mL

먼저 mL끼리 계산하면 700 mL+400 mL=1100 mL이고, 1000 mL는 1 L로 올림해요. 1100 mL−1000 mL=100 mL예요. L는 올림한 1 L가 있으므로 1 L+8 L+3 L=12 L예요. 따라서 답은 12 L 100 mL예요.

개념 다지기 **111쪽**

1 2, 500　2 5, 900　3 8, 800
4 9, 500　5 3, 700　6 5, 800
7 7, 800　8 6200, 6, 200
9 6, 200　10 4, 900　11 6700, 6, 700
12 7, 300　13 5, 400　14 12, 400

선생님놀이

5 L는 L끼리, mL는 mL끼리 더해요. mL부터 더하면 300 mL+400 mL=700 mL이고, L는 1 L+2 L=3 L이므로, 답은 3 L 700 mL예요.

12 먼저 mL끼리 계산하면 500 mL+800 mL=1300 mL이고, 1000 mL는 1 L로 올림해요. 1300 mL−1000 mL=300 mL예요. L는 올림한 1 L가 있으므로 1 L+3 L +3 L=7 L예요. 따라서 답은 7 L 300 mL예요.

개념 키우기 **112쪽**

1 식: 1 L 800 mL+1 L 500 mL=3 L 300 mL
답: 3, 300
2 식: 2 L 300 mL+5 L 400 mL=7 L 700 mL
답: 7, 700
3 (1) 식:1 L 500 mL+900 mL=2 L 400 mL
답: 2, 400
(2) 식: 800 mL+2 L 400 mL=3 L 200 mL
답: 3, 200
(3) 식: 2 L 400 mL+3 L 200 mL=5 L 600 mL
답: 5, 600

1 mL끼리 계산하면 800 mL+500 mL=1300 mL인데 1000 mL는 1 L와 같으므로 올림하여 L를 계산합니다. 1 L+1 L+1 L= 3 L이므로 3 L 300 mL입니다.
2 mL끼리 계산하면 300 mL+400 mL=700 mL입니다. L끼리 계산하면 2 L+5 L=7 L이므로 7 L 700 mL입니다.
3 (1) 윤우는 딸기 주스 1 L 500 mL, 토마토 주스 900 mL를 샀습니다. mL끼리 더하면 1400 mL입니다. 1000 mL는 1 L와 같으므로 올림하여 L를 계산하면 1 L+1 L=2 L입니다. 따라서 윤우가 산 음료의 양은 모두 2 L 400 mL입니다.
(2) 이효는 사과 주스 800 mL와 딸기 주스 2 L 400 mL를 샀습니다. mL끼리 더하면 1200 mL입니다. 1000 mL는 1 L와 같으므로 올림하여 L를 계산하면 2 L+1 L=3 L입니다. 따라서 이효가 산 음료의 양은 모두 3 L 200 mL입니다.
(3) 윤우가 산 음료의 양은 2 L 400 mL, 이효가 산 음료의 양은 3 L 200 mL이므로 두 값을 더하면 5 L 600 mL입니다.

개념 다시보기 **113쪽**

1 3, 600　2 8, 700　3 5, 200
4 2, 700　5 7, 700　6 8, 200

도전해 보세요 **113쪽**

1 진아
2 수정과가 630 mL 더 많습니다.

2 수정과의 양은 8720 mL, 식혜의 양은 8 L 90 mL입니다. 8720 mL는 8 L 720 mL와 같습니다. 둘의 양을 비교하면 수정과의 양이 더 많다는 것을 알 수 있습니다. 8 L 720 mL−8 L 90 mL를 계산하면 630 mL이므로 수정과가 630 mL 더 많습니다.

18단계 들이의 뺄셈

배운 것을 기억해 볼까요? 114쪽

1 7, 5
2 5, 0(0은 생략 가능)
3 6, 300

개념 익히기 115쪽

1 3, 500　2 1, 800　3 3, 100
4 3, 400　5 4, 700　6 3, 700
7 1, 800　8 3, 300　9 1, 100
10 5, 500

개념 다지기 116쪽

1

	2 L	400 mL
−	1 L	300 mL
	1 L	100 mL

2

	5 L	700 mL
−	3 L	400 mL
	2 L	300 mL

3

	7 L	600 mL
−	3 L	200 mL
	4 L	400 mL

4

	2 L	800 mL
−	1 L	600 mL
	1 L	200 mL

5

	9 L	600 mL
−	5 L	800 mL
	3 L	800 mL

6

	6 L	200 mL
−	3 L	800 mL
	2 L	400 mL

7

	6 L	200 mL
−	4 L	200 mL
	2 L	

8

	5 L	800 mL
−	1 L	600 mL
	4 L	200 mL

9

	7 L	700 mL
−	2 L	800 mL
	4 L	900 mL

10

	3 L	600 mL
−	1 L	100 mL
	2 L	500 mL

선생님놀이

4

	2 L	800 mL
−	1 L	600 mL
	1 L	200 mL

L는 L끼리, mL는 mL끼리 빼요. mL부터 계산하면 800 mL−600 mL=200 mL이고, L는 2 L−1 L=1 L이므로, 답은 1 L 200 mL예요.

9

	7 L	700 mL
−	2 L	800 mL
	4 L	900 mL

먼저 mL끼리 계산해요. 700 mL에서 800 mL를 뺄 수 없으니 7 L에서 1000 mL를 내림하여 계산하면 1700−800=900 mL예요. 그다음 L끼리 계산해요. 1 L를 1000 mL로 내림하였으므로 1 L를 빼고 계산하면 6 L−2 L=4 L예요. 따라서 답은 4 L 900 mL예요.

개념 다지기 117쪽

1 2, 800　2 3, 300
3 4, 300　4 2700, 2, 700
5 4, 200　6 1, 100
7 2, 300　8 1, 300
9 3, 300　10 5, 500
11 2400, 2, 400　12 5300, 5, 300
13 2, 100　14 1, 400

선생님놀이

3 L는 L끼리, mL는 mL끼리 계산해요. mL부터 계산하면 500 mL−200 mL=300 mL이고, L는 7 L−3 L=4 L이므로, 답은 4 L 300 mL예요.

8 먼저 mL끼리 계산해요. 100 mL에서 800 mL를 뺄 수 없으니 'L'에서 1000 mL를 내림하면 1100 mL−800 mL=300 mL예요. 그다음 L끼리 계산해요. L를 1000 mL로 내림했으므로 1 L를 빼서 계산하면 3 L−2 L=1 L예요. 따라서 답은 1 L 300 mL예요.

개념 키우기 **118쪽**

1 식: 3 L 700 mL−1 L 200 mL=2 L 500 mL
답: 2, 500
2 식: 2 L 500 mL−1 L 800 mL=700 mL
답: 700
3 (1) 식: 1 L 500 mL−700 mL=800 mL
답: 800
(2) 식: 2 L 200 mL−1 L 800 mL=400 mL
답: 400
(3) 자몽 주스

1 들이가 3 L 700 mL인 수조에 물이 1 L 200 mL 들어 있으므로 수조를 가득 채우려면 물을 3 L 700 mL−1 L 200 mL=2 L 500 mL 더 부어야 합니다.
2 식용유 2 L 500 mL 중 튀김 요리를 하는 데 1 L 800 mL를 사용하면 남는 식용유의 양은 2 L 500 mL−1 L 800 mL=700 mL입니다.
3 (1) 음료를 마시기 전 매실 음료의 양이 1 L 500 mL 있었으므로 700 mL를 마셨다면 남은 매실 음료의 양은 1 L 500 mL−700 mL=800 mL입니다.
(2) 음료를 마시기 전의 오렌지 주스 양은 2 L 200 mL, 자몽 주스 양은 1 L 800 mL만큼 있습니다. 오렌지 주스의 양은 자몽 주스의 양보다 2 L 200 mL−1 L 800 mL=400 mL 더 많습니다.
(3) 오렌지 주스 1 L 600 mL를 마셨으므로 남은 오렌지 주스의 양은 2 L 200 mL−1 L 600 mL=600 mL입니다. 자몽 주스 1 L 300 mL를 마셨으므로 남은 자몽 주스의 양은 1 L 800 mL−1 L 300 mL=500 mL입니다. 문제 (1)에서 매실 음료는 800 mL 남았다고 했으므로 남은 양이 가장 적은 주스는 자몽 주스입니다.

개념 다시보기 **119쪽**

1 3, 300　2 2, 900　3 2, 600
4 3, 900　5 3, 300　6 6, 300

도전해 보세요 **119쪽**

1 예 ㉯양동이에 물을 가득 채우면 8 L 500 mL입니다. ㉮양동이의 들이가 2 L 300 mL이므로, ㉮양동이를 이용해 ㉯양동이의 물을 한 번 퍼내면 8 L 500 mL−2 L 300 mL=6 L 200 mL의 물이 남습니다. 남은 물 6 L 200 mL에서 ㉮양동이를 이용해 한 번 더 물을 퍼내면 6 L 200 mL−2 L 300 mL=3 L 900 mL의 물이 남습니다. 남은 3 L 900 mL의 물을 수조에 담아 문제를 해결할 수 있습니다.
2 2, 900

2 들이가 5 L 200 mL인 빈 수조를 가득 채워야 합니다. 800 mL+1 L 500 mL=2 L 300 mL의 물이 있으므로, 빈 수조를 가득 채우려면 5 L 200 mL−2 L 300 mL=2 L 900 mL만큼의 물이 더 필요하다는 사실을 알 수 있습니다.

19단계 무게의 덧셈

배운 것을 기억해 볼까요? **120쪽**

1 165　2 (1) 2300 (2) 4　3 1229

개념 익히기 **121쪽**

1 2, 700　2 8, 400　3 7, 800
4 7, 700　5 9, 900　6 7, 100
7 5, 800　8 11, 500　9 7, 600
10 9, 300

개념 다지기 **122쪽**

1

	1 kg	300 g
+	2 kg	600 g
	3 kg	900 g

2

	5 kg	200 g
+	1 kg	300 g
	6 kg	500 g

3

	4 kg	700 g
+	2 kg	100 g
	6 kg	800 g

4

	3 kg	800 g
+	1 kg	400 g
	5 kg	200 g

5

	7 kg	200 g
+	2 kg	400 g
	9 kg	600 g

6

	3 kg	300 g
+	3 kg	600 g
	6 kg	900 g

7

	5 kg	200 g
+	2 kg	500 g
	7 kg	700 g

8

	6 kg	200 g
+	1 kg	200 g
	7 kg	400 g

9

	4 kg	700 g
+	3 kg	700 g
	8 kg	400 g

10

	3 kg	100 g
+	5 kg	100 g
	8 kg	200 g

선생님놀이

3

	4 kg	700 g
+	2 kg	100 g
	6 kg	800 g

kg은 kg끼리, g은 g끼리 더해요. g부터 더하면 700 g+100 g=800 g이고, kg은 4 kg+2 kg=6 kg이므로, 답은 6 kg 800 g이에요.

9

	4 kg	700 g
+	3 kg	700 g
	8 kg	400 g

먼저 g끼리 더하면 700 g+700 g=1400 g이고, 1000 g은 1 kg으로 올림해요.
1400 g−1000 g= 400 g이고, kg은 올림한 1 kg이 있으므로 1 kg+4 kg+3 kg=8 kg이에요. 따라서 답은 8 kg 400 g이에요.

개념 다지기 **123쪽**

1 3, 700
2 11, 400
3 8, 100
4 8, 200
5 7200, 7, 200
6 9, 400
7 10, 800
8 8, 700
9 7, 800
10 7100, 7, 100
11 6, 500
12 6, 800
13 12, 400
14 4, 700

4 kg은 kg끼리, g은 g끼리 더해요. g부터 더하면 100 g+100 g=200 g이고, kg은 6 kg+2 kg=8 kg이므로, 답은 8 kg 200 g이에요.

11 먼저 g끼리 계산하면 600 g+900 g=1500 g이고, 1000 g은 1 kg으로 올림해요.
1500 g−1000 g= 500 g이고 kg은 올림한 1kg이 있으므로 1 kg+2 kg+3 kg=6 kg이에요. 따라서 답은 6 kg 500 g이에요.

개념 키우기 **124쪽**

1 식: 1 kg 200g+1 kg 400 g=2 kg 600 g
답: 2, 600

2 식: 32 kg 500 g+3 kg 800 g=36 kg 300g
답: 36, 300

3 (1) 식: 1 kg 600 g+1 kg 600 g=3 kg 200 g,
3 kg 200 g+700 g=3 kg 900 g
답: 3, 900

(2) 식: 900 g+900 g=1 kg 800 g,
1 kg 300 g+1 kg 300g=2 kg 600 g,
1 kg 800 g+2 kg 600 g=4 kg 400 g
답: 4, 400

(3) 식: 1 kg 600 g+700 g+1 kg 300 g+900 g
=4 kg 500 g
답: 4, 500

1 밤을 민수는 1 kg 200 g, 지우는 1 kg 400 g을 주웠으므로 두 사람이 주운 밤의 무게는 1 kg 200g+1 kg 400 g=2 kg 600 g입니다.

2 현지의 몸무게가 32 kg 500 g일 때, 3 kg 800 g인 책가방을 메고 저울에 올라가면 저울의 눈금은 32 kg 500 g+3 kg 800 g=36 kg 300g을 가리킵니다.

3 (1) 쌀 한 봉은 1 kg 600 g이므로 쌀 2봉의 무게는 1 kg 600 g+1 kg 600 g=3 kg 200 g입니다. 콩 한 봉은 700 g이므로 쌀 2봉과 콩 1봉을 사면 무게가 모두 3 kg 200 g+700 g=3 kg 900 g입니다.

(2) 옥수수 한 봉은 900 g이므로 옥수수 2봉의 무게는 900 g+900 g=1 kg 800 g입니다. 감자 한 봉의 무게는 1 kg 300 g이므로 감자 2봉의 무게는 1 kg 300 g+1 kg 300g=2 kg 600 g입

니다. 따라서 구입한 곡식의 무게는 모두 1 kg 800 g+2 kg 600 g=4 kg 400 g입니다.
(3) 곡식을 각각 한 봉씩 산다면 1 kg 600 g과 700 g과 1 kg 300 g과 900 g을 모두 더한 값을 구합니다. 계산하면 4 kg 500 g입니다.

개념 다시보기 **125쪽**

1 8, 500 2 7, 900 3 8, 200
4 7, 800 5 11, 200 6 3, 200

도전해 보세요 **125쪽**

1 2, 200
2 (1) 〉 (2) 〉 (3) =

1 양팔 저울이 수평을 이루고 있으므로 양쪽의 무게는 같습니다. 큰 상자의 무게는 1 kg 700 g+500 g=2 kg 200 g입니다.
2 (1) 1800 g은 1 kg 800 g과 같습니다. 2 kg 700 g과 1 kg 800 g의 무게를 비교합니다.
(2) 4200 g은 4 kg 200 g과 같습니다. 4 kg 200 g과 4 kg 90 g의 무게를 비교합니다.
(3) 9500 g은 9 kg 500 g과 같습니다.

20단계 무게의 뺄셈

배운 것을 기억해 볼까요? **126쪽**

1 308 2 7, 600

개념 익히기 **127쪽**

1 2, 400 2 2, 800 3 6, 200
4 2, 300 5 3, 800 6 4, 500
7 3, 300 8 2, 400 9 8, 100
10 3, 100

개념 다지기 **128쪽**

1

	4 kg	600 g
−	2 kg	300 g
	2 kg	300 g

2

	6 kg	200 g
−	5 kg	200 g
	1 kg	

3

	4 kg	100 g
−	2 kg	600 g
	1 kg	500 g

4

	7 kg	300 g
−	2 kg	500 g
	4 kg	800 g

5

	8 kg	700 g
−	5 kg	300 g
	3 kg	400 g

6

	6 kg	600 g
−	3 kg	500 g
	3 kg	100 g

7

	7 kg	400 g
−	4 kg	300 g
	3 kg	100 g

8

	5 kg	700 g
−	1 kg	600 g
	4 kg	100 g

9

	6 kg	900 g
−	3 kg	700 g
	3 kg	200 g

10

	2 kg	900 g
−	1 kg	800 g
	1 kg	100 g

선생님놀이

4

	7 kg	300 g
−	2 kg	500 g
	4 kg	800 g

먼저 g끼리 계산해요. 300 g에서 500 g을 뺄 수 없으니 'kg'에서 1000 g을 내림하면 1300 g−500 g=800 g이에요. 그다음 kg끼리 계산해요. 1 kg을 1000 g으로 내림했으므로 1 kg을 빼서 계산하면 6 kg−2 kg=4 kg이에요. 따라서 답은 4 kg 800 g이에요.

5

	8 kg	700 g
−	5 kg	300 g
	3 kg	400 g

g은 g끼리, kg은 kg끼리 계산해요. g부터 계산하면 700 g−300 g=400 g이고, kg은 8 kg−5 kg=3 kg이므로, 답은 3 kg 400 g이에요.

개념 다지기 **129쪽**

1 1, 500
2 1, 200
3 6, 100
4 1, 700
5 2100, 2, 100
6 1, 600
7 3, 100
8 2, 300
9 4, 400
10 2, 200
11 5, 200
12 2, 100
13 4600, 4, 600
14 2900, 2, 900

선생님놀이

3 kg은 kg끼리, g은 g끼리 계산해요. g부터 계산하면 600 g−500 g=100 g이고, kg은 8 kg−2 kg=6 kg이므로, 답은 6 kg 100 g이에요.

8 먼저 g끼리 계산해요. 200 g에서 900 g을 뺄 수 없으니 'kg'에서 1000 g을 내림하면 1200 g−900 g=300 g이에요. 그다음 kg끼리 계산해요. 1 kg을 1000 g으로 내림했으므로 1 kg을 빼서 계산하면 5 kg−3 kg=2 kg이에요. 따라서 답은 2 kg 300 g이에요.

개념 키우기 **130쪽**

1 식: 5 kg 500 g−3 kg 800 g=1 kg 700 g
답: 1, 700
2 식: 7 kg 800 g−4 kg 200 g=3 kg 600 g
답: 3, 600
3 (1) 식: 700 g+800 g=1 kg 500 g
답: 1, 500
(2) 2 kg 300 g+1 kg 800 g=4 kg 100 g
답: 4, 100
(3) 식: 4 kg 100 g−1 kg 500 g=2 kg 600 g
답: 2, 600

1 감자 한 상자의 무게는 5 kg 500 g이고, 고구마 한 상자의 무게가 3 kg 800 g일 때 감자 한 상자의 무게는 고구마 한 상자의 무게보다 5 kg 500 g−3 kg 800 g=1 kg 700 g만큼 더 무겁습니다.
2 설탕 한 포대와 소금 한 봉지를 합친 무게가 7 kg 800 g입니다. 설탕 한 포대의 무게가 4 kg 200 g이므로 소금 한 봉지의 무게는 7 kg 800 g−4 kg 200 g=3 kg 600 g입니다.
3 (1) 감자의 무게는 700 g, 새우의 무게는 800 g이므로 감자와 새우의 무게는 모두 700 g+800 g=1500 g입니다. 1500 g은 1 kg 500 g과 같습니다.
(2) 소고기가 2 kg 300 g, 돼지고기가 1 kg 800 g이므로 둘을 더하면 2 kg 300 g+1 kg 800 g=4 kg 100 g입니다.
(3) 고기의 무게는 모두 4 kg 100 g입니다. 감자와 새우의 무게는 모두 1 kg 500 g이므로 고기는 감자와 새우를 합한 것보다 4 kg 100 g−1 kg 500 g=2 kg 600 g 더 무겁습니다.

개념 다시보기 **131쪽**

1 2, 400
2 4, 500
3 1, 500
4 2, 800
5 5, 700
6 3, 400

도전해 보세요 **131쪽**

1 13 kg
2 1, 100

1 진우와 현지가 캔 고구마의 무게가 22 kg입니다. 진우가 캔 고구마의 무게는 현지가 캔 고구마의 무게보다 4 kg 더 무겁다고 했으므로, 22 kg에서 4 kg을 뺀 값을 구한 다음 2로 나누면 현지가 캔 고구마의 무게를 구할 수 있습니다. 22 kg−4 kg=18 kg이므로 현지가 캔 고구마의 무게는 18 kg÷2=9 kg 입니다. 진우가 캔 고구마의 무게는 9 kg +4 kg=13 kg 입니다.
2 귤 4개의 무게에 500 g을 더한 무게는 배 1개의 무게와 2 kg을 더한 무게와 같으므로, 귤 4개의 무게는 배 1개의 무게보다 1 kg 500 g 더 무겁습니다. 귤 1개의 무게가 650 g이므로 귤 4개의 무게를 구하면 2kg 600 g입니다. 따라서 배 1개의 무게는 2 kg 600 g−1 kg 500 g=1 kg 100 g입니다.

수고하셨어요.
다음 단계로 같이 가요!

학 공부를 달리 보지 못합니다. 연산을 공부할 때처럼 모든 수학 공부를 무조건적인 암기와 빠른 시간 안에 답을 맞혀야 한다고 생각합니다. 이러한 생각은 중·고등학교를 넘어 평생 갑니다. 그래서 성인이 된 뒤에도 자신의 자녀들에게 이런 식의 연산 학습을 시키는 데 주저하지 않게 됩니다.

수학이 좋아지는 연산 학습을 개발하다

이 두 가지 부작용을 해결하기 위해 많은 부모님을 설득했지만 대안이 없었습니다. 부모님 스스로 해결하는 경우가 드물었습니다. 갈수록 피해가 커지는 현상을 막아야겠다고 결심했습니다. 그래서 현직 초등 교사들과 의논하고 이들을 설득해 초등 연산 학습을 정리하고 그 결과를 책으로 내게 되었습니다. 교사들이 나서서 연산 학습을 주도한다는 비난을 극복하고 연산을 새롭게 발견하는 기회를 제공해야 한다는 일념으로 이 책을 만들었습니다. 우리 아이가 처음으로 접하는 수학인 연산은 즐거워야 합니다. 아이를 사랑하는 마음으로 제대로 된 연산 문제집을 만들어보자고 했을 때 흔쾌히 따라준 개념연산팀 선생님들에게 감사드립니다. 지난 4년여 동안 휴일과 방학을 반납하고 학생들의 연산 학습 실태 조사, 회의와 세미나, 집필 등에 온 힘을 쏟아주셨습니다. 그리고 먼저 문제를 풀어보고 다양한 의견을 주신 박재원 소장님과 부모님들께 감사의 말씀을 전합니다.

전국수학교사모임 개념연산팀을 대표하여

최수일 씀

특징

개념연결 연산의 발견은 이런 책입니다!

❶ 개념의 연결을 통해 연산을 정복한다

기존 문제집들이 문제 풀이 중심인 반면, 『개념연결 연산의 발견』은 관련 개념의 연결과 핵심적인 개념 설명으로 시작합니다. 해당 문제가 이해되지 않으면 전 단계의 문제를 다시 풀고, 확장된 내용이 궁금하면 다음 단계 개념에 해당하는 문제를 바로 풀어볼 수 있는 장치입니다. 스스로 부족한 부분이 어디인지 쉽게 발견하여 자기주도적으로 복습 혹은 예습을 할 수 있습니다. 개념연결을 통해 고학년이 되어서도 결코 무너지지 않는 수학의 기초 체력을 키울 수 있습니다. 연산을 구조화시켜 생각하게 만드는 개념연결은 1~6학년 연산 개념연결 지도를 통해 한눈에 확인할 수 있습니다. 연산을 공부할 때부터 개념의 연결을 경험하면 수학 전체를 공부할 때도 개념을 연결하는 습관을 가질 수 있습니다.

❷ 현직 교사들이 집필한 최초의 연산 문제집

시중의 문제집들과 달리, 30여 년간 수학교사로 근무하고 수학교육의 혁신을 위해 시민단체에서 활동하고 있는 최수일 박사를 팀장으로, 수학교육 석·박사급 현직 교사들이 중심이 되어 집필한 최초의 연산 문제집입니다. 교육 경험이 도합 80년 이상 되는 현직 교사들의 현장감과 전문성을 살려 문제를 풀며 저절로 개념을 연결시키는 연산 프로그램을 만들었습니다. '빨리 그리고 많이'가 아닌 '제대로 그리고 최소한'으로 최대의 효과를 얻고자 했습니다. 내용의 업그레이드뿐 아니라 형식에서도 현직 교사들의 경험을 반영해 세세한 부분까지 기존 문제집의 부족한 부분을 개선했습니다. 눈의 피로와 지우개질까지 생각해 연한 미색의 질긴 종이를 사용한 것이 좋은 예가 될 것입니다.

❸ 설명하지 못하면 모르는 것이다 -선생님놀이

아이들은 연산에서 실수가 잦습니다. 반복된 연산 훈련으로 개념을 이해하지 못하고 유형별, 기계적으로 문제를 마주하기 때문입니다. 연산 실수는 훈련으로 극복되기도 하지만 이는 근본적인 해법이 아닙니다. 답이 맞으면 대개 이해했다고 생각하며 넘어가는데, 조금 지나면 도로 아미타불인 경우가 많습니다. 답이 맞았다고 해도 풀이 과정을 말로 설명하지 못하면 개념을 이해하지 못한 것입니다. 그래서 아이가 부모님이나 친구 등에게 설명을 하는 문제를 실었습니다. 아이의 설명을 잘 들어보고 답지의 해설과 대조해보면 아이가 문제를 얼마만큼 이해했는지 알 수 있습니다.

❹ 문제를 직접 써보는 것이 중요하다 -필산 문제

개념을 완벽하게 이해하기 위해 손으로 직접 써보는 문제를 배치했습니다. 필산은 계산의 경로가 기록되기 때문에 실수를 줄여주며 논리적 사고력을 키워줍니다. 빈칸 채우는 문제를 아무리 많이 풀어도 직접 식을 써보지 않으면 연산 학습에서 큰 효과를 기대하기 어렵습니다. 요즘 아이들은 숫자를 바르게 써서 하나의 식을 완성하는 데 어려움을 겪는 경우가 많습니다. 연산 학습은 하나의 식을 제대로 써보는 것이 그 시작입니다. 말로 설명하고 손으로 기록하면 개념을 완벽하게 이해할 수 있습니다.

❺ '빠르게'가 아니라 '정확하게'!

초등에서의 연산력은 중학교 이상의 수학을 공부하는 데 기초가 됩니다. 중·고등학교 수학은 복잡한 연산을 요구하지 않습니다. 주어진 문제를 이해하여 식을 쓰고 차근차근 해결해나가는 문제해결능력이 더 중요합니다. 초등학교 때부터 문제를 빨리 푸는 것보다 한 문제라도 정확하게 정리하고 풀이 과정이 잘 드러나도록 식을 써서 해결하는 습관이 중·고등학교에 가서 수학을 잘하는 비결입니다. 우리 책에서는 충분히 생각하면서 문제를 풀도록 시간에 제한을 두지 않았습니다. 속도는 목표가 될 수 없습니다. 이해가 되면 속도는 자연히 따라붙습니다.

❻ 학생의 인지 발달에 맞는 문제 분량

연산은 아이가 처음 접하는 수학입니다. 수학은 반복적으로 훈련하는 것이 아니라 생각의 힘을 키우는 학문입니다. 과도하게 많은 문제를 풀면 수학에 대한 잘못된 선입관을 갖게 되어 수학 과목 자체가 싫어질 수 있습니다. 우리 책에서는 아이들의 발달 단계에 따라 개념이 완전히 내 것이 될 수 있도록 학년별로 적절한 수의 문제를 배치해 '최소한'으로 '최대한'의 효과를 낼 수 있도록 했습니다.

❼ 문제 중간 튀어나오는 돌발 문제

한 단원 내에서 똑같은 유형의 문제가 반복적으로 나오면 생각하지 않고 기계적으로 문제를 풀게 됩니다. 연산을 어느 정도 익히면 자동화되는 경향이 있기 때문입니다. 이런 경우 실수가 생기고, 답이 맞을 수는 있지만 완전히 아는 것이 아닐 수 있습니다. 우리 책에는 중간중간 출몰하는 엉뚱한 돌발 문제로 생각의 끈을 놓을 수 없는 장치를 마련해두었습니다. 어떤 문제를 맞닥뜨려도 해결해나가는 힘을 기를 수 있습니다.

❽ 일상의 수학을 강조하다 -문장제

뇌과학적으로 우리의 기억은 일상에 활용할만한 가치가 있는 것을 저장하고, 자기연관성이 있으면 감정을 이입하여 그 기억을 오래 저장한다고 합니다. 우리 책은 일상에서 벌어지는 다양한 상황을 문제로 제시합니다. 창의력과 문제해결능력을 향상시켜 계산이 전부가 아니라 수학적으로 생각하는 힘을 키워줍니다.

차례

교과서에서는?

1단원 곱셈

곱셈의 계산 원리와 계산 방법을 올림이 없는 경우와 올림이 있는 경우로 구분해서 익혀요. 올림이 없는 곱셈은 곱셈구구로 쉽게 해결할 수 있지만 올림이 있는 곱셈은 계산 방법을 잘 익혀야 해요.

교과서에서는?

2단원 나눗셈

내림이 없고 있는 나눗셈과 나머지가 있고 없는 나눗셈의 계산 원리와 계산 방법을 공부해요. 나눗셈은 3학년 1학기에 처음 배웠어요. 전체 양에서 똑같은 양을 계속해서 덜어 내는 나눗셈의 원리를 생각하면서 나눗셈의 계산 방법에 익숙해지도록 연습해 보세요.

6권에서는 무엇을 배우나요

1학기에 배운 곱셈의 계산 원리를 바탕으로 (세 자리 수)×(한 자리 수), (두 자리 수)×(두 자리 수)의 범위에서 계산 원리를 배웁니다. 나눗셈에서는 (세 자리 수)÷(한 자리 수)까지 다루면서 나머지가 있는 것까지 다룹니다. 1학기에 처음 배운 분수를 복습하면서 분수만큼 알아보기와 가분수와 대분수를 서로 바꾸는 활동을 합니다. 분수의 가장 기본 개념인 단위분수를 이용할 수 있어야 합니다. 들이와 무게에서는 측정하여 양이나 무게를 잰 결과를 더하거나 빼는 들이와 무게의 덧셈과 뺄셈을 공부합니다. 덧셈과 뺄셈을 할 때 단위 사이에서 받아올림이나 받아내림에 유의합니다.

교과서에서는?

4단원 분수

분수는 3학년 1학기에 처음 배웠어요. 이번 단원에서는 전체에 대한 부분을 나타내는 분수를 배워요. 또 분수를 진분수, 가분수, 대분수로 구분하는 방법과 대분수를 가분수로, 가분수를 대분수로 나타내는 방법도 배운답니다.

교과서에서는?

5단원 들이와 무게

측정하여 양이나 무게를 잰 결과를 더하거나 빼는 들이와 무게의 덧셈과 뺄셈을 공부해요. 들이는 담을 수 있는 그릇의 양으로, 주로 액체의 양을 나타낼 때 써요. L와 mL 단위로 들이의 덧셈과 뺄셈을 하고, kg과 g을 이용해서 무게의 덧셈과 뺄셈을 해요. 덧셈과 뺄셈을 할 때는 단위 사이의 받아올림이나 받아내림에 유의해요.

개념연결 연산의 발견 사용 설명서

각 단계의 제목

새 교육과정의
교과서 진도와 맞추었어요.
학교에서 배운 것을 바로 복습하며
문제를 풀어봐요. 하루에 두 쪽씩
진도에 맞춰 문제를 풀다 보면
나도 연산왕!

개념연결

구체적인 문제와 문제의 연결로 이루어져 있어요.
실수가 잦거나 헷갈리는 문제가 있다면
전 단계의 개념을 완전히 이해 못한 것이에요.
자기주도적으로 복습 혹은 예습을 할 수 있게 도와줍니다.

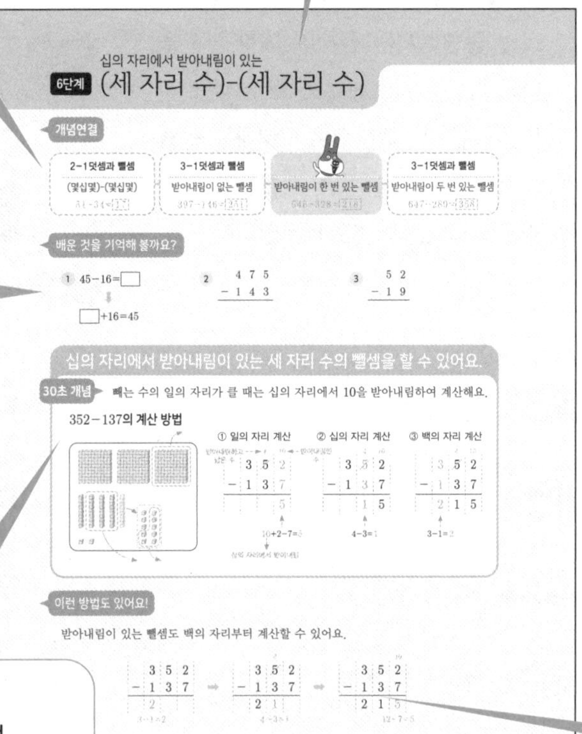

십의 자리에서 받아내림이 있는

6단계 (세 자리 수)-(세 자리 수)

개념연결

2-1덧셈과 뺄셈	3-1덧셈과 뺄셈		3-1덧셈과 뺄셈
(몇십몇)-(몇십몇)	받아내림이 없는 뺄셈	받아내림이 한 번 있는 뺄셈	받아내림이 두 번 있는 뺄셈
51-34=17	397-146=251	546-328=218	647-289=358

배운 것을 기억해 볼까요?

1 $45-16=\square$ → $\square+16=45$

2 $475-143$

3 $52-19$

십의 자리에서 받아내림이 있는 세 자리 수의 뺄셈을 할 수 있어요.

30초 개념 빼는 수의 일의 자리가 클 때는 십의 자리에서 10을 받아내림하여 계산해요.

352−137의 계산 방법

① 일의 자리 계산 ② 십의 자리 계산 ③ 백의 자리 계산

$10+2-7=5$ $4-3=1$ $3-1=2$

이런 방법도 있어요!

받아내림이 있는 뺄셈도 백의 자리부터 계산할 수 있어요.

$352-137$: $3-1=2$ ⇒ $4-3=1$ ⇒ $12-7=5$

배운 것을 기억해 볼까요?

이전에 학습한 내용을 알고 있는지
확인해보는 선수 학습이에요.
개념연결과 짝을 이뤄 학습 결손이
생기지 않도록 만든 장치랍니다.
배웠다고 넘어가지 말고 어떻게 현 단계와
연결되는지 생각하면서 문제를 풀어보세요.

30초 개념

교과서에 나와 있는 개념 설명을 핵심만 추려
정리했어요. 해당 내용의 주제나 정리를
제목으로 크게 넣었어요. 제목만 큰 소리로 읽어봐도
개념을 이해하는 데 도움이 될 거예요.
그 아래에는 자세한 개념 설명과 풀이 방법을 넣었어요.

월 / 일 / ☆☆☆☆☆

수학은 주어진 문제를 이해하고 차근히 해결해나가는 것이
중요해요. 그래서 시간제한이 없는 대신
본인의 성취를 별✩로 표시하도록 했어요.
80% 이상 문제를 맞혔을 경우 다음 페이지로(별 4~5개),
그 이하인 경우 개념 설명을 다시 읽어보도록 해요.
완전히 이해가 되면 속도는 자연히 따라붙어요.

개념 익히기

30초 개념에서 다루었던 개념이
그대로 적용된 필수 문제예요.
똑개의 친절한 설명을 따라
문제를 풀다 보면 연산의 기본자세를
잡을 수 있어요.

덤

선생님들의 꿀팁이에요.
교육 현장에서 학생들이
자주 실수하거나
헷갈리는 문제에 대해
짤막하게 설명해줘요.

이런 방법도 있어요!

문제를 푸는 방법이 하나만 있는 건 아니에요.
수학은 공식으로만 푸는 것이 아닌,
생각하는 학문이랍니다. 선생님들이 좀 더 쉽게
개념을 이해할 수 있는 방법이나 다르게
생각할 수 있는 방법들을 제시했어요.

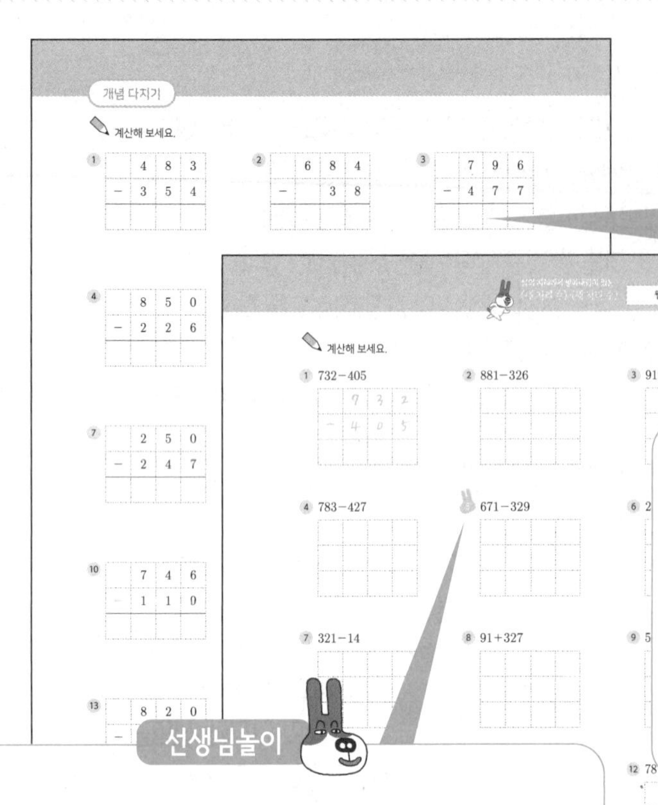
개념 다지기

계산해 보세요.

① 483 − 354 ② 684 − 38 ③ 796 − 477

④ 850 − 226

⑦ 250 − 247

⑩ 746 − 110

⑬ 820

계산해 보세요.

① 732−405 ② 881−326 ③ 912−608

④ 783−427 ⑤ 671−329 ⑥ 2

⑦ 321−14 ⑧ 91+327 ⑨ 5

⑫ 78

⑮ 864−258

개념 다지기

개념 익히기보다 약간 난이도가 높은
실전 문제들이에요. 특히 개념을 완벽하게
이해하도록 도와주는, 손으로 직접 쓰는
필산 문제가 들어 있어요. 필산을 하면
계산 경로가 기록되기 때문에 실수가 줄고
논리적 사고력이 길러져요.

돌발 문제

똑같은 유형의 문제가 반복되면
생각하지 않고 문제를 풀게 되지요. 하지만
문제 중간에 엉뚱한 돌발 문제가 출몰한다면
생각의 끈을 놓을 수 없을 거예요.
덤으로, 어떤 문제를 맞닥뜨려도 풀어낼 수 있는
힘을 얻게 된답니다.

선생님놀이

답이 맞았다고 해도 풀이 과정을 말로
설명하지 못하면 개념을 이해하지 못한 거예요.
부모님이나 친구에게 설명을 해보세요.
그리고 답지에 나와 있는 모범 해설과 대조해보면
내가 이 문제를 얼마만큼 이해했는지 알 수 있을 거예요.

개념 키우기

일상에서 벌어지는 다양한 상황이
서술형 문제로 나옵니다. 새 교육과정에서
문장제의 비중이 높아지고 있습니다.
문장제는 생활 속에서 일어나는 상황을
수학적으로 이해하고 식으로 써서
답을 내는 과정이 중요한 문제로,
수학적으로 생각하는 힘을 키워줘요.

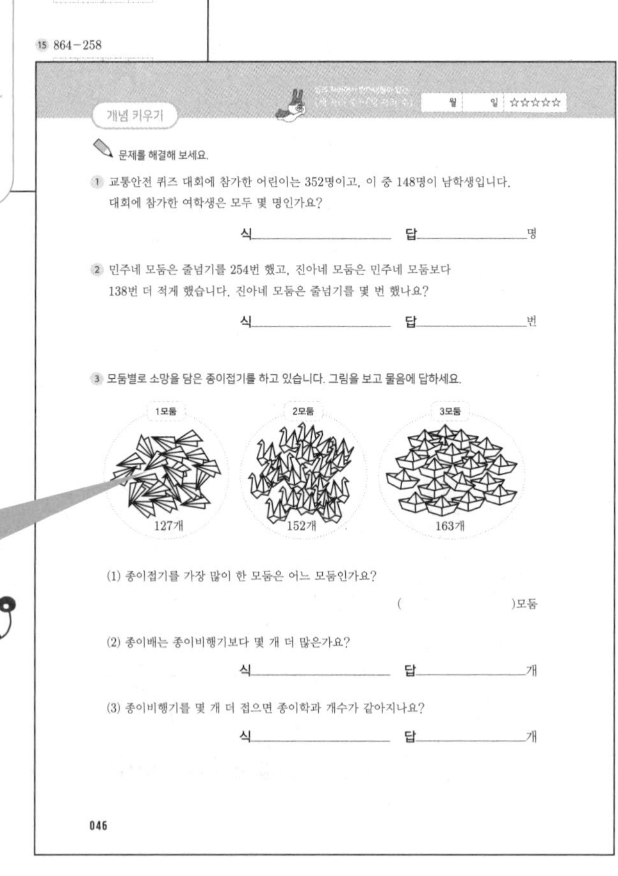
개념 키우기

월 일 ☆☆☆☆☆

문제를 해결해 보세요.

① 교통안전 퀴즈 대회에 참가한 어린이는 352명이고, 이 중 148명이 남학생입니다. 대회에 참가한 여학생은 모두 몇 명인가요?

식 ____________ 답 ____________ 명

② 민주네 모둠은 줄넘기를 254번 했고, 진아네 모둠은 민주네 모둠보다 138번 더 적게 했습니다. 진아네 모둠은 줄넘기를 몇 번 했나요?

식 ____________ 답 ____________ 번

③ 모둠별로 소망을 담은 종이접기를 하고 있습니다. 그림을 보고 물음에 답하세요.

1모둠 127개 / 2모둠 152개 / 3모둠 163개

(1) 종이접기를 가장 많이 한 모둠은 어느 모둠인가요?

(　　　　)모둠

(2) 종이배는 종이비행기보다 몇 개 더 많은가요?

식 ____________ 답 ____________ 개

(3) 종이비행기를 몇 개 더 접으면 종이학과 개수가 같아지나요?

식 ____________ 답 ____________ 개

046

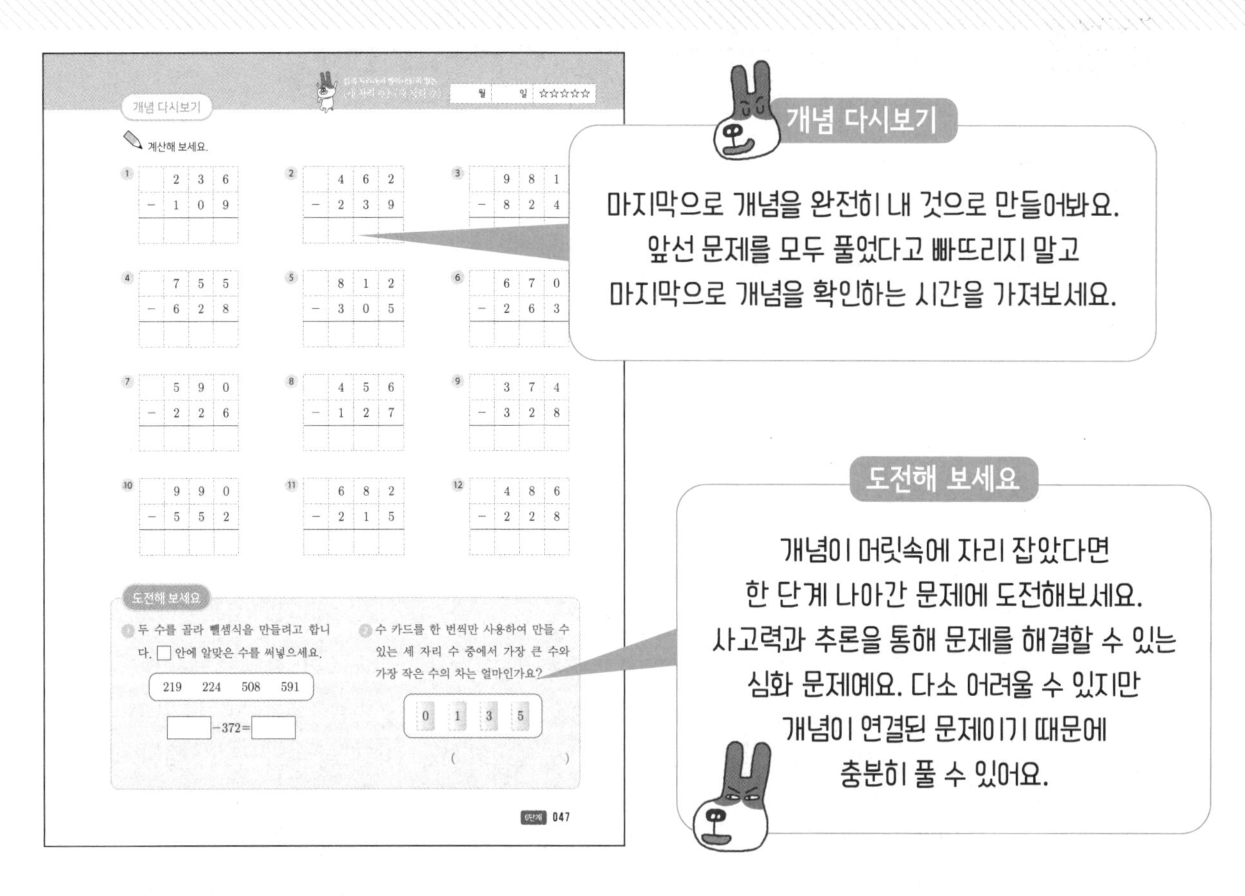

개념 다시보기
마지막으로 개념을 완전히 내 것으로 만들어봐요.
앞선 문제를 모두 풀었다고 빠뜨리지 말고
마지막으로 개념을 확인하는 시간을 가져보세요.
도전해 보세요
개념이 머릿속에 자리 잡았다면
한 단계 나아간 문제에 도전해보세요.
사고력과 추론을 통해 문제를 해결할 수 있는
심화 문제예요. 다소 어려울 수 있지만
개념이 연결된 문제이기 때문에
충분히 풀 수 있어요.

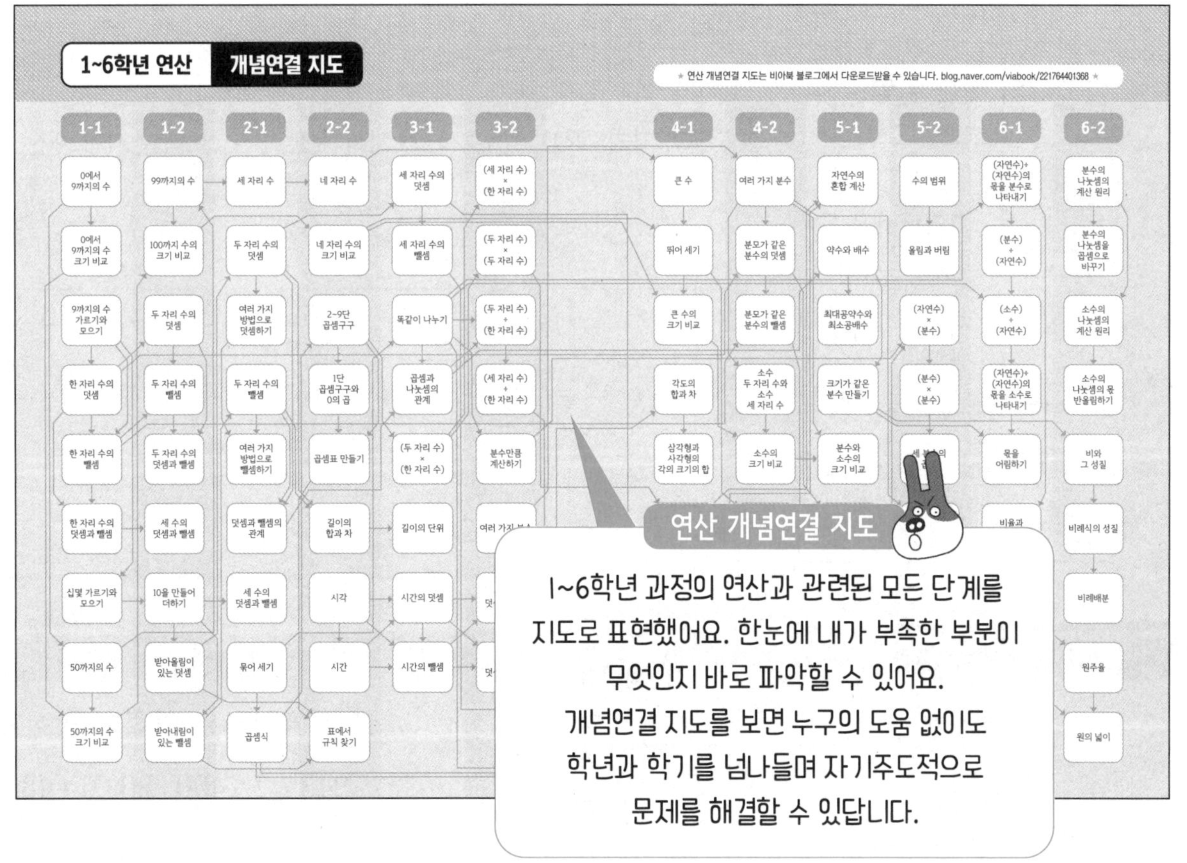

1~6학년 연산 개념연결 지도
연산 개념연결 지도
1~6학년 과정의 연산과 관련된 모든 단계를
지도로 표현했어요. 한눈에 내가 부족한 부분이
무엇인지 바로 파악할 수 있어요.
개념연결 지도를 보면 누구의 도움 없이도
학년과 학기를 넘나들며 자기주도적으로
문제를 해결할 수 있답니다.

올림이 없는

1단계 (세 자리 수)×(한 자리 수)

개념연결

2-2곱셈구구	3-1곱셈		4-1곱셈과 나눗셈
곱셈구구	(몇십몇)×(몇)	(세 자리 수)×(한 자리 수)	(세 자리 수)×(두 자리 수)
9×[4]=36	23×3=[69]	143×2=[286]	242×37=[8954]

배운 것을 기억해 볼까요?

1
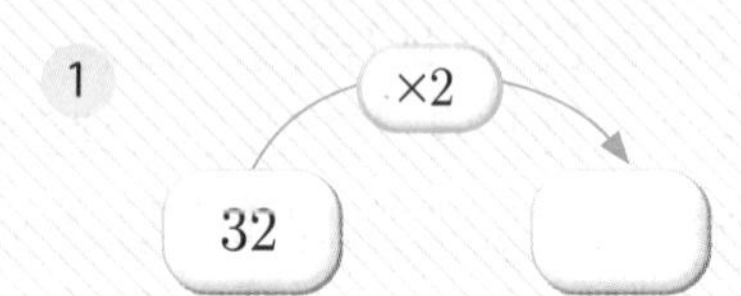

2 $\begin{array}{r} 23 \\ \times\ \ 3 \\ \hline \end{array}$

3 (1) 13×3=

(2) 42×2=

올림이 없는 (세 자리 수)×(한 자리 수)를 할 수 있어요.

30초 개념 곱셈을 할 때 각 자리의 수가 몇 배로 커졌는지 살펴봐요. 그 값은 일의 자리, 십의 자리, 백의 자리를 각각 몇 배 한 것을 더한 것과 같아요.

243×2의 계산 방법

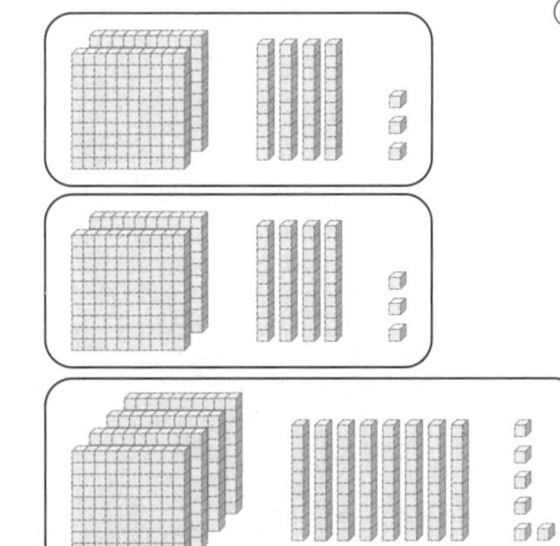

① 일의 자리 계산

$\begin{array}{r} 243 \\ \times\ \ \ 2 \\ \hline 6 \end{array}$

3×2=6

② 십의 자리 계산

$\begin{array}{r} 243 \\ \times\ \ \ 2 \\ \hline 86 \end{array}$

4×2=8

③ 백의 자리 계산

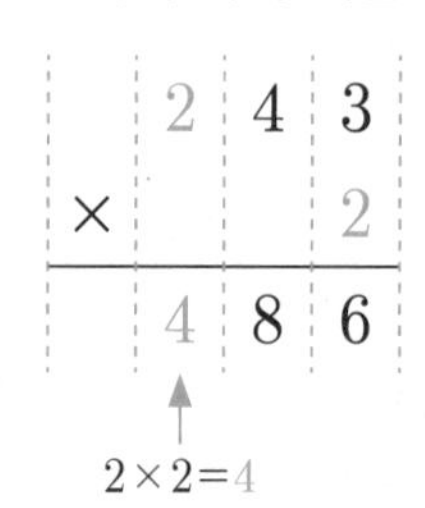

이런 방법도 있어요!

각 자리를 계산한 값을
세 줄로 나누어
세로로 계산할 수 있어요.

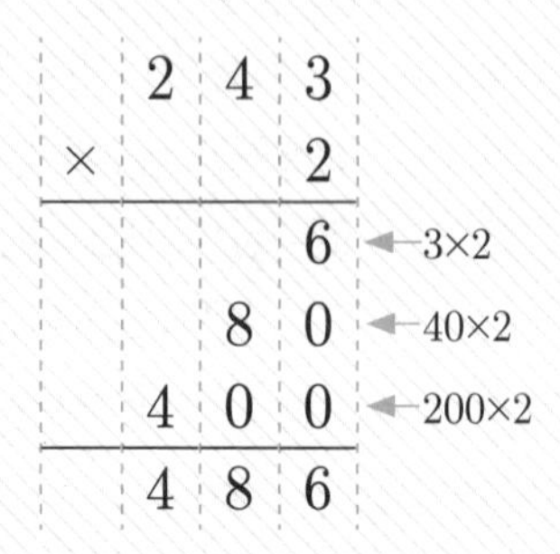

가로로 계산하는 방법도 있어요.

243×2=400+80+6=486

6, 80, 400

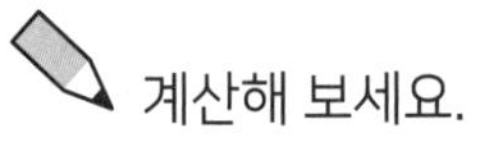

계산해 보세요.

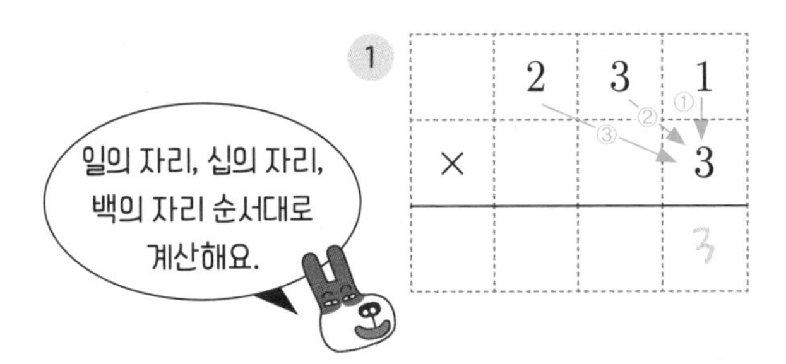

1

	2	3	1
×			3
			3

2

	4	1	2
×			2

3

	1	3	2
×			2

4

	3	0	2
×			3

5

	2	1	1
×			4

6

	4	2	4
×			2

7

	6	2	7
×			1

8

	4	1	3
×			2

9

	1	0	3
×			2

10

	5	2	6
×			1

11

	3	3	3
×			2

올림이 없는 경우 백의 자리부터 계산할 수도 있어요.

	2	3	1
×			3
	① 6	② 9	③ 3

개념 다지기

계산해 보세요.

1

	4	1	1
×			2

2

	1	3	2
×			3

3

	4	2	4
×			2

4

	2	2	2
×			4

5

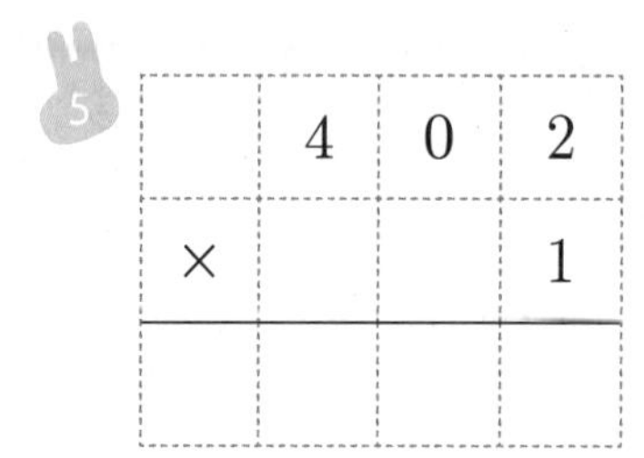

	4	0	2
×			1

6

	5	6
×		4

7

	1	0	3
×			3

8

	4	1	4
×			2

9

	3	1	1
×			3

10

	1	0	0
×			8

11

	1	2	3
+		7	7

12

	1	1	2
×			4

13

	1	2	1
×			3

14

	1	4	2
×			2

15

	4	3	2
×			2

 계산해 보세요.

1. 132×2

	1	3	2
×			2

2. 213×3

3. 334×2

4. 232×2

5. 420×2

6. 425+361

7. 107×1

8. 111×8

9. 212×4

10. 301×2

11. 223×2

12. 112×3

13. 62×3

14. 203×2

15. 321×3

문제를 해결해 보세요.

1 서울에서 강릉까지 223 km를 달리는 기차가 서울에서 강릉을 한 번 오갈 때 움직이는 거리는 몇 km인가요?

식 ______________ 답 ______________ km

2 한 번에 승객을 342명 태울 수 있는 비행기가 있습니다.
이 비행기에 오전과 오후 한 번씩 빈자리 없이 승객이 탔으면
이 비행기를 탄 승객은 모두 몇 명인가요?

식 ______________ 답 ______________ 명

3 그림을 보고 물음에 답하세요.

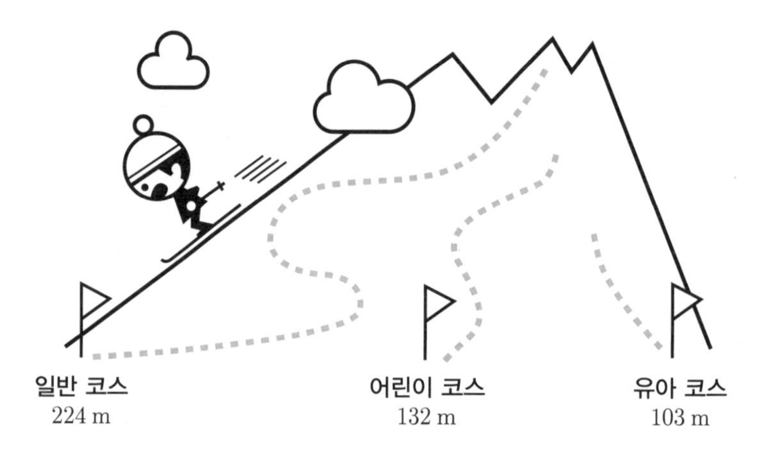

(1) 일반 코스는 어린이 코스보다 얼마 더 긴가요?

식 ______________ 답 ______________ m

(2) 수일이는 어린이 코스를 3번 탔어요. 수일이가 스키를 탄 거리는 모두 얼마인가요?

식 ______________ 답 ______________ m

(3) 보윤이는 일반 코스를 2번 탔어요. 보윤이가 스키를 탄 거리는 모두 얼마인가요?

식 ______________ 답 ______________ m

개념 다시보기

계산해 보세요.

1

	2	1	3
×			2

2

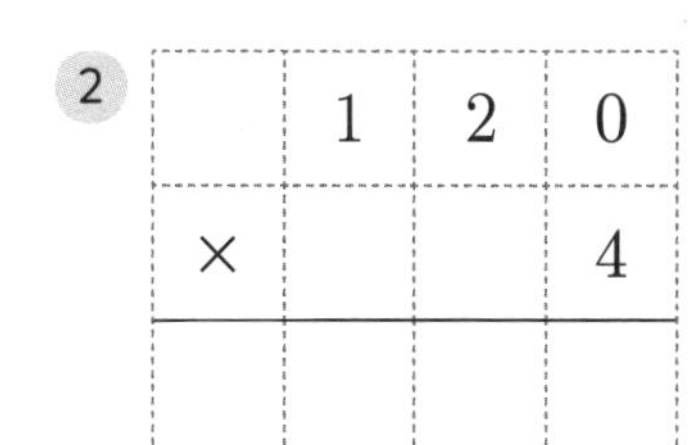

	1	2	0
×			4

3

	3	0	2
×			3

4

	1	0	1
×			9

5

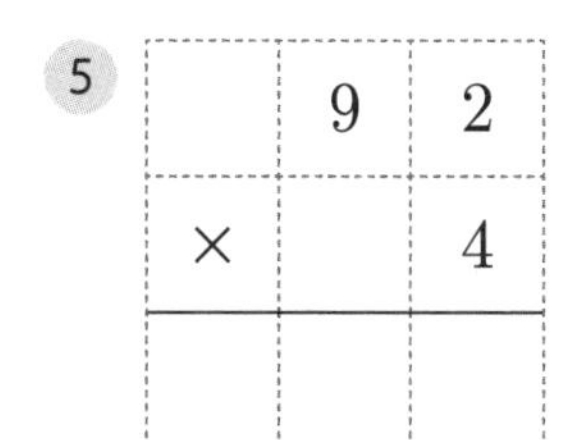

	9	2
×		4

6

	2	2	2
×			3

7

	3	1	3
×			2

8

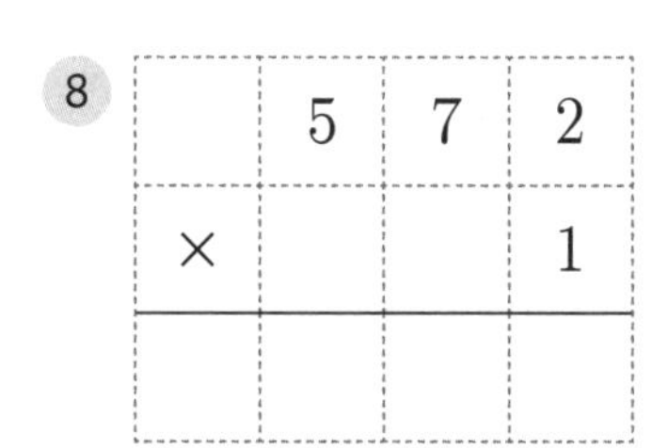

	5	7	2
×			1

9

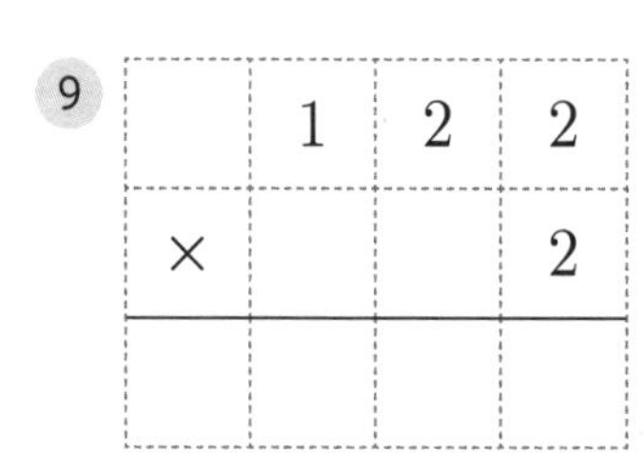

	1	2	2
×			2

도전해 보세요

1 준우는 그림과 같은 라면을 4개 샀습니다. 준우가 산 라면의 무게는 모두 몇 g인가요?

( )g

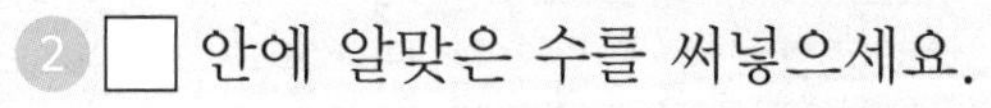

2 □ 안에 알맞은 수를 써넣으세요.

	6	2	3
×			□
□	□	□	9

일의 자리에서 올림이 있는

2단계 (세 자리 수)×(한 자리 수)

개념연결

2-2곱셈구구	3-1곱셈	(세 자리 수)×(한 자리 수)	4-1곱셈과 나눗셈
곱셈구구	(몇십몇)×(몇)	(세 자리 수)×(한 자리 수)	(세 자리 수)×(두 자리 수)
9×[4]=36	63×4=[252]	217×3=[651]	242×37=[8954]

배운 것을 기억해 볼까요?

1. $\square\times3=36$
   $25\times\square=100$

2.
```
  2 3 1
×     3
```

3. (1) $21\times6=$
   (2) $3\times30=$

일의 자리에서 올림이 있는 (세 자리 수)×(한 자리 수)를 할 수 있어요.

30초 개념 일의 자리에서 몇 배 한 값에 올림이 있으면 십의 자리에 올림한 수를 더해요. 올림한 수는 십의 자리 위에 작게 써서 잊어버리지 않도록 해요.

327×3의 계산 방법

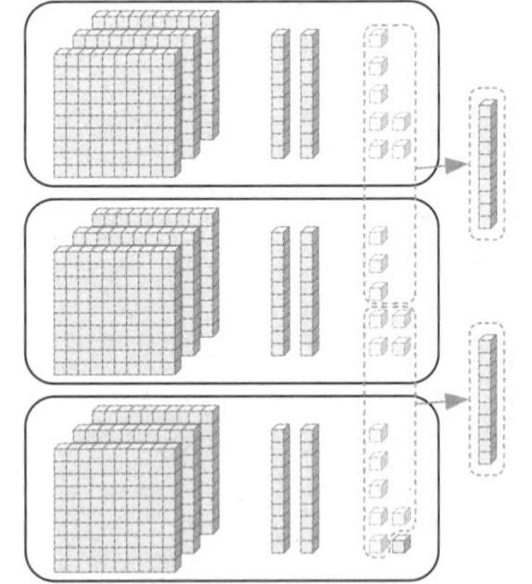

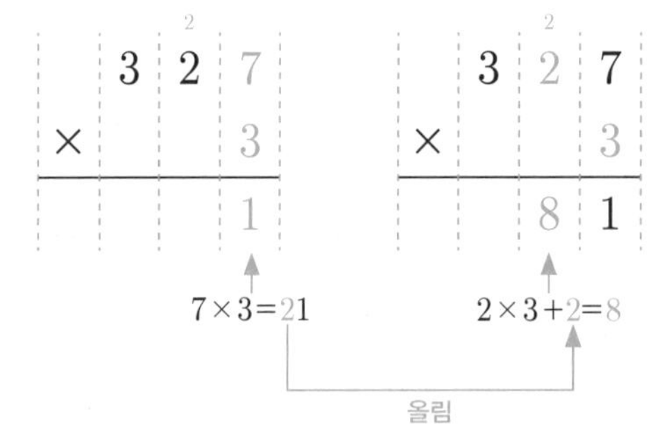

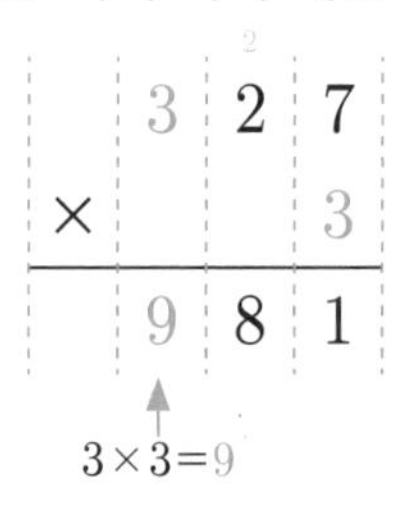

	3	2	7
×			3
			1

	3	2	7
×			3
		8	1

	3	2	7
×			3
	9	8	1

이런 방법도 있어요!

각 자리를 계산한 값을 세 줄로 나누어 세로로 계산할 수 있어요. 이렇게 하면 올림에서 실수를 하지 않아요.

	3	2	7	
×			3	
		2	1	← 7×3
		6	0	← 20×3
	9	0	0	← 300×3
	9	8	1	

가로로 계산하는 방법도 있어요.

$327\times3=900+60+21=981$

(21, 60, 900; 60+21=81)

개념 익히기

 계산해 보세요.

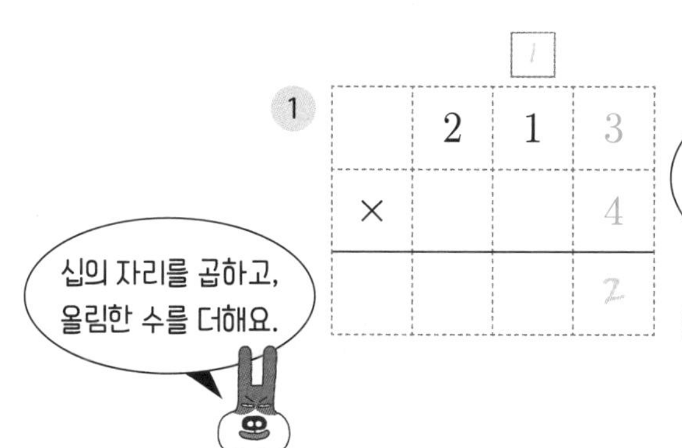

1

		1	
	2	1	3
×			4
			2

2

	1	1	7
×			5

3

	3	2	6
×			2

4

	2	1	5
×			3

5

	1	1	5
×			6

6

	2	2	4
×			4

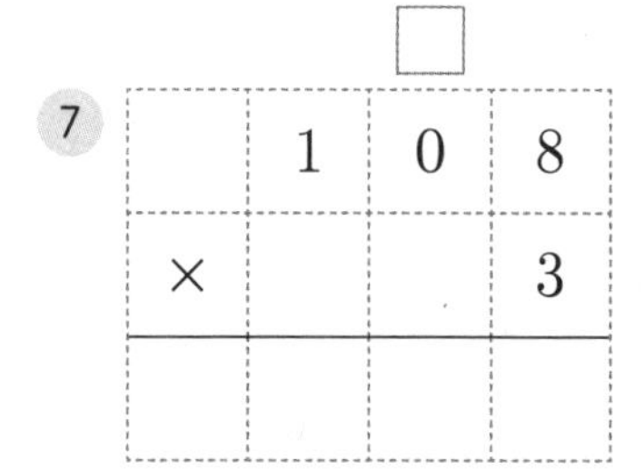

7

	1	0	8
×			3

8

	3	2	6
×			3

9

	3	3	8
×			2

10

	1	1	6
×			5

11

	2	1	7
×			4

덤

일의 자리에서 올림한 수를 기억하고 십의 자리에서 덧셈을 해요.

개념 다지기

계산해 보세요.

1

	3	1	5
×			3

2

	1	1	6
×			4

3

	2	0	5
×			4

4

	4	3	6
×			2

5

		4	9
×			2

6

	3	2	6
×			3

7

	1	2	7
×			3

8

	3	2	4
×			3

9

	1	1	8
×			5

10

	1	0	8
×			8

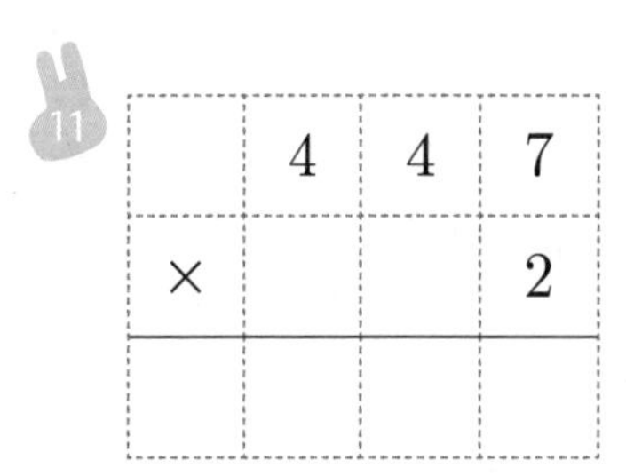

11

	4	4	7
×			2

12

	2	1	8
−		4	3

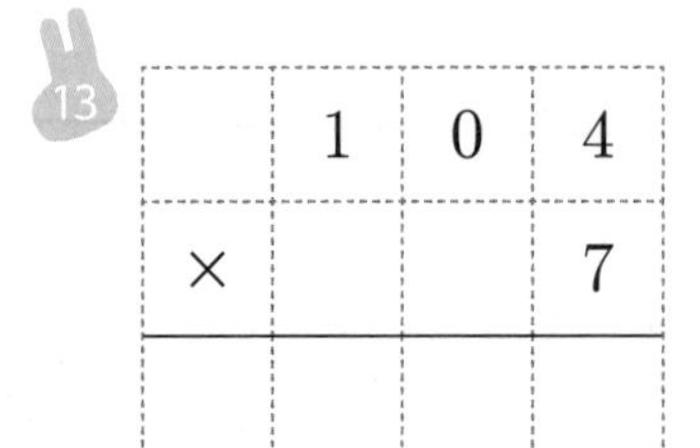

13

	1	0	4
×			7

14

	3	1	4
×			3

15

	4	2	9
×			2

 계산해 보세요.

1 125×3

2 336×2

3 417×2

4 71×6

5 306×3

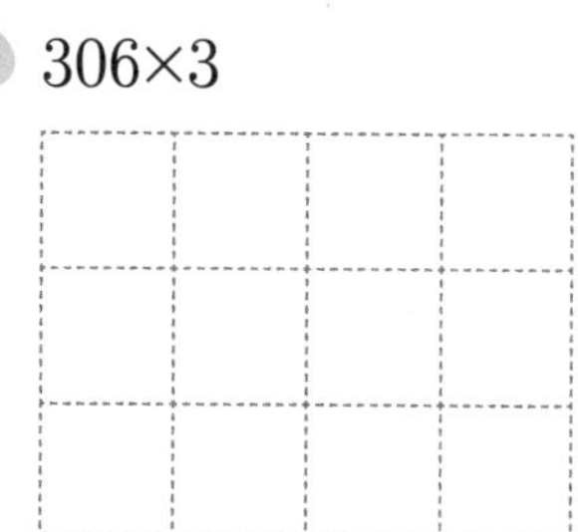

6 216×4

7 107×5

8 428×2

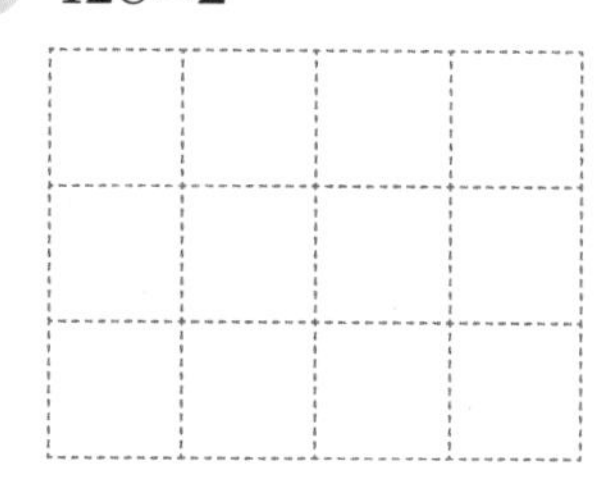

9 104×7

10 348×2

11 736−327

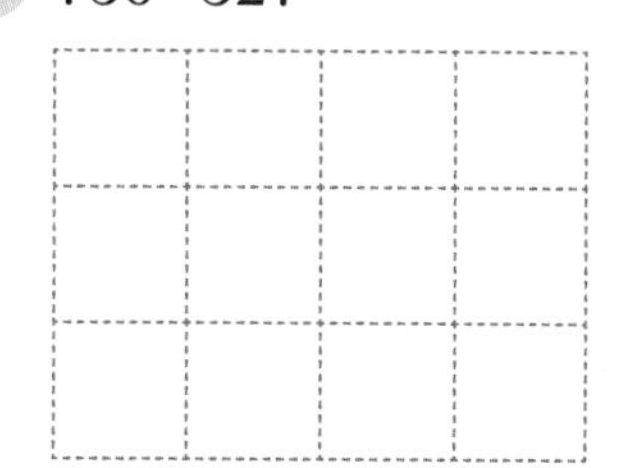

12 115×3

13 416×2

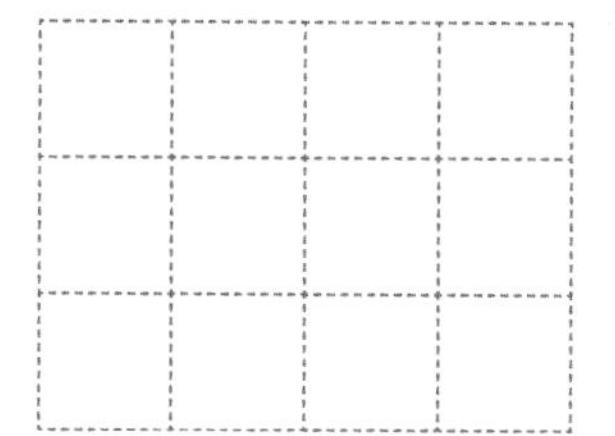

14 107×4

15 207×4

문제를 해결해 보세요.

1 한 상자에 밤이 115개씩 들어 있습니다.
5상자에는 밤이 모두 몇 개 들어 있나요?

식 ______________ 답 ______________개

2 한 번에 승객이 107명씩 탈 수 있는 기차가 있습니다.
이 기차가 하루 6번 운행하면 하루 동안 이 기차에 탈 수 있는 승객은 모두 몇 명인가요?

식 ______________ 답 ______________명

3 그림을 보고 물음에 답하세요.

(1) 케이크는 식빵보다 얼마 더 무거운가요?

식 ______________ 답 ______________g

(2) 식빵 2개의 무게는 얼마인가요?

식 ______________ 답 ______________g

(3) 소라빵 4개와 식빵 2개의 무게는 얼마인가요?

식 ______________________________ 답 ______________g

개념 다시보기

계산해 보세요.

1

	1	1	6
×			3

2

	4	4	8
×			2

3

	2	1	5
×			4

4

	1	0	4
×			6

5

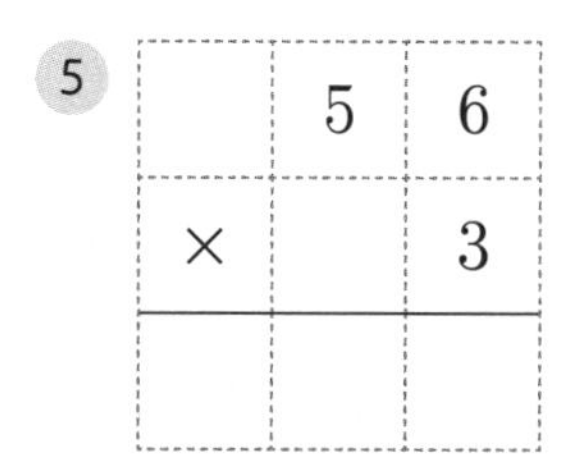

	5	6
×		3

6

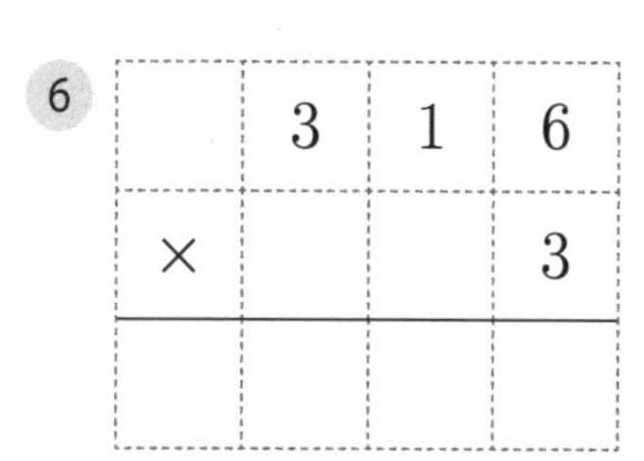

	3	1	6
×			3

7

	1	1	5
×			5

8

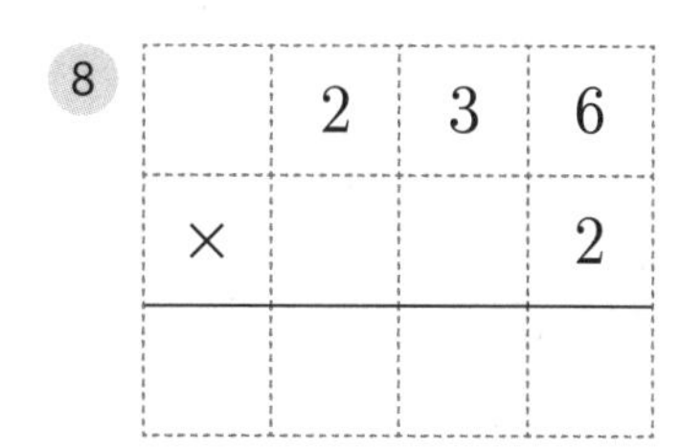

	2	3	6
×			2

9

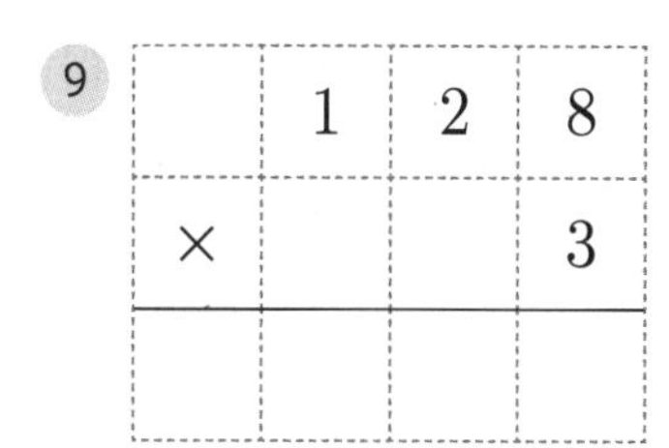

	1	2	8
×			3

도전해 보세요

1 지혜는 그림과 같은 빵을 3개 샀습니다. 지혜가 산 빵의 무게는 모두 몇 g인가요?

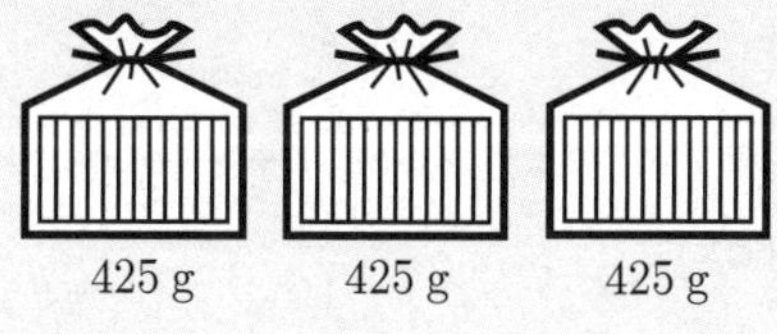

(　　　　　　　　)g

2 □ 안에 알맞은 수를 써넣으세요.

	□	2	□
×			7
1	5	□	2

올림이 여러 번 있는

3단계 (세 자리 수)×(한 자리 수)

개념연결

2-2곱셈구구	3-1곱셈		4-1곱셈과 나눗셈
곱셈구구	(몇십몇)×(몇)	(세 자리 수)×(한 자리 수)	(세 자리 수)×(두 자리 수)
8×5=40	43×7=301	281×6=1686	306×54=16524

배운 것을 기억해 볼까요?

1
$$\begin{array}{r} 2\ 0\ 7 \\ \times \quad\ \ 4 \\ \hline \end{array}$$

2 (1) 216×3=

(2) 103×3=

3 (1) 28÷□=4

(2) 28÷4=□

올림이 여러 번 있는 (세 자리 수)×(한 자리 수)를 할 수 있어요.

30초 개념 올림이 여러 번 있으면 계산이 복잡해요.
올림한 수를 잘 기억하고 바로 윗자리에 적어요.

245×3의 계산 방법

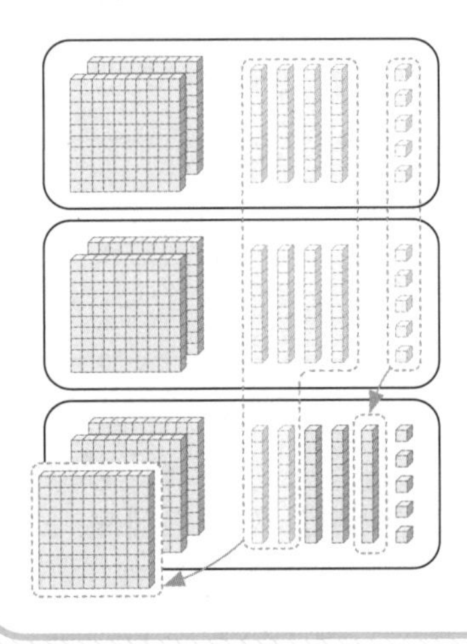

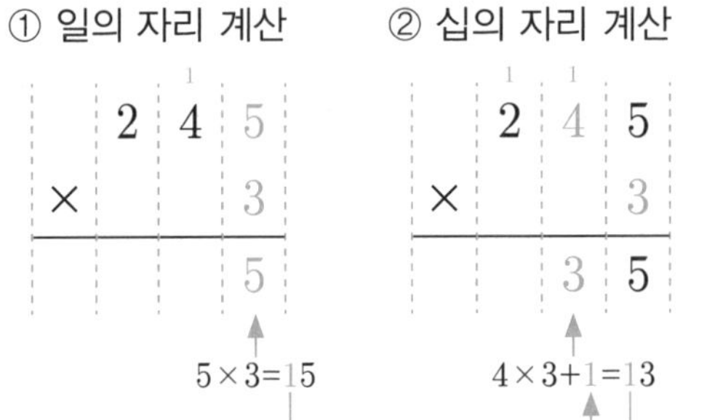

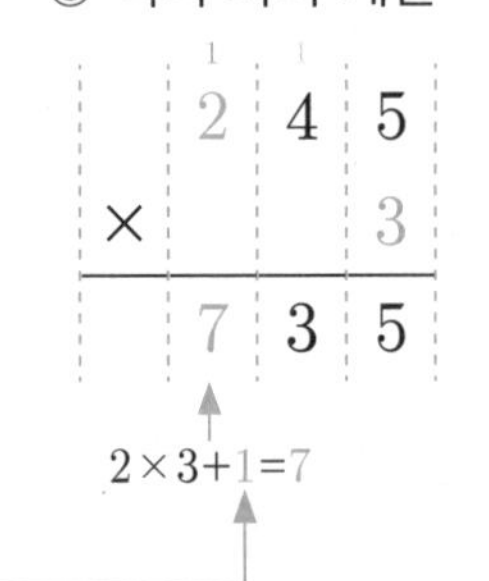

이런 방법도 있어요!

각 자리를 계산한 값을 세로로 계산할 수 있어요.
이렇게 계산하면 올림한 수를 빼먹거나 헷갈리지 않아요.

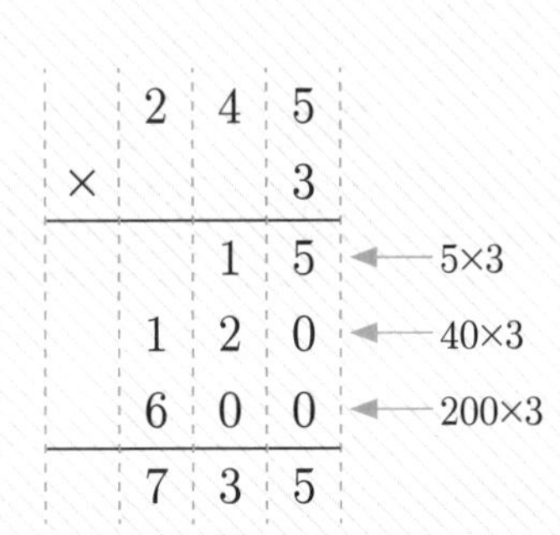

계산해 보세요.

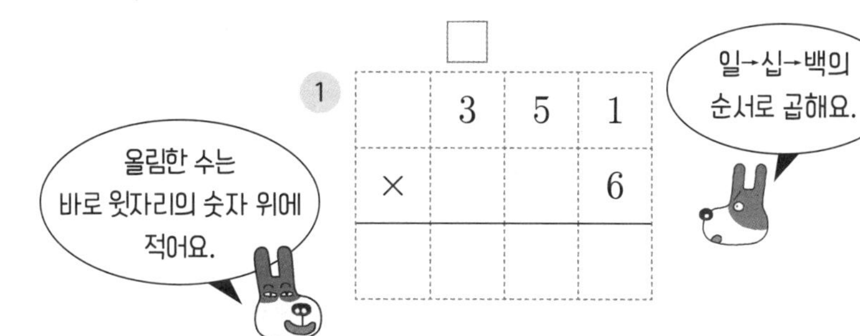

1

	3	5	1
×			6

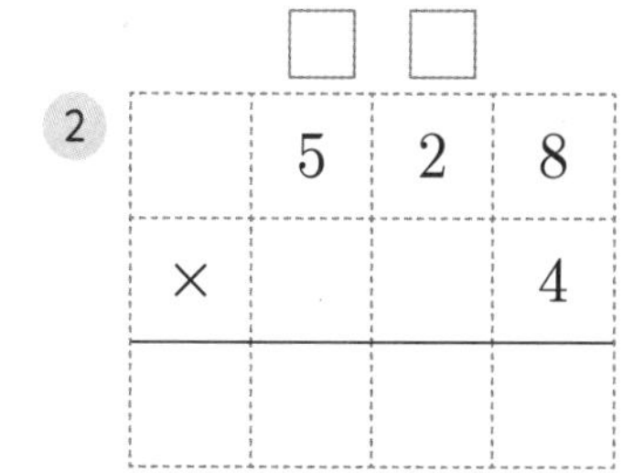

2

	5	2	8
×			4

3

	6	3	2
×			4

4

	2	4	0
×			7

5

	2	7	3
×			2

6

	4	9	1
×			5

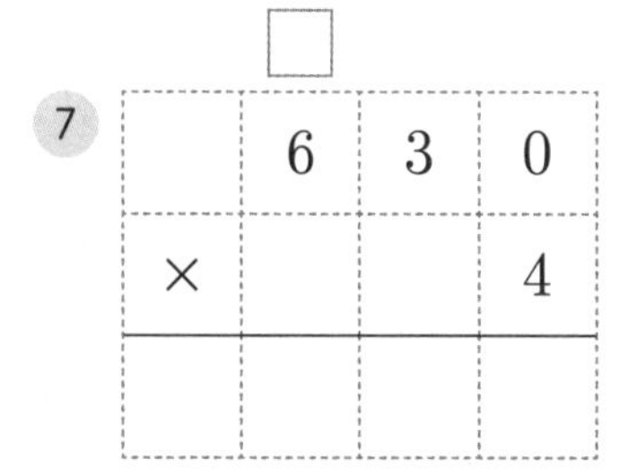

7

	6	3	0
×			4

8

	5	4	6
×			3

9

	1	4	1
×			6

10

	8	2	7
×			3

11

	2	3	3
×			8

덤

(세 자리 수)×(한 자리 수)의 계산을 할 때 세 자리 수를 (몇백)+(몇십)+(몇)으로 생각해요. 351×6의 계산에서 351=300+50+1로 볼 수 있어요.

계산해 보세요.

1

	4	2	1
×			6

2

	3	7	2
×			3

3

	6	3	1
×			5

4

	5	3	6
×			3

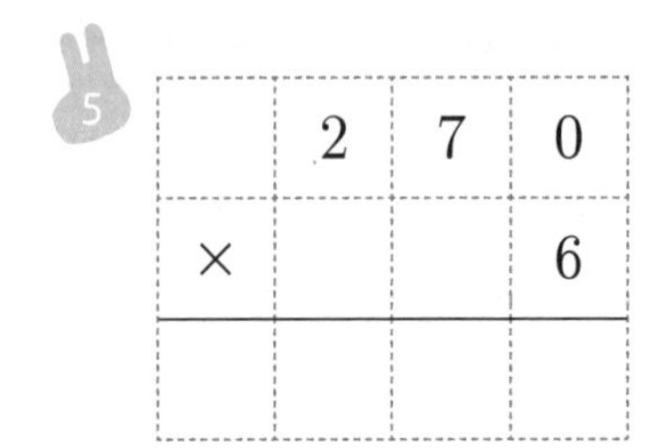
5

	2	7	0
×			6

6

	8	6	2
×			4

7

	6	3	8
+		4	5

8

	5	3	3
×			4

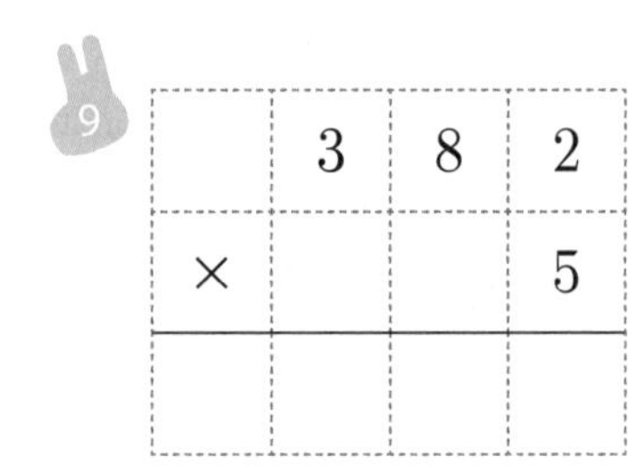
9

	3	8	2
×			5

10

	3	5	9
×			2

11

	4	5	3
×			4

12

	2	6	1
×			2

13

	5	2	5
×			6

14

	6	3	2
−	2	8	7

15

	7	0	5
×			4

 계산해 보세요.

① 361×7

② 284×2

③ 453×3

④ 553×2

⑤ 750×4

⑥ 60×4

⑦ 645×3

⑧ 197×5

⑨ 273×8

⑩ 47×6

⑪ 429×7

⑫ 505×9

⑬ 247×2

⑭ 164×3

⑮ 777×2

문제를 해결해 보세요.

1 빵 한 봉지의 무게는 382 g입니다. 빵 7봉지의 무게는 몇 g인가요?

식 ______ 답 ______ g

2 지혜네 학교에는 3학년 학생이 모두 128명 있습니다.
이 학생들이 하루 한 개씩 5일 동안 마신 우유갑을 모았습니다.
우유갑은 모두 몇 개인가요?

식 ______ 답 ______ 개

3 A 항공사는 서울-부산 노선을 하루 19회 운항하고 있습니다. 물음에 답하세요.

항공기 종류	가	나	다
탑승 인원(1회)	188	127	138
운항 횟수	8	6	5

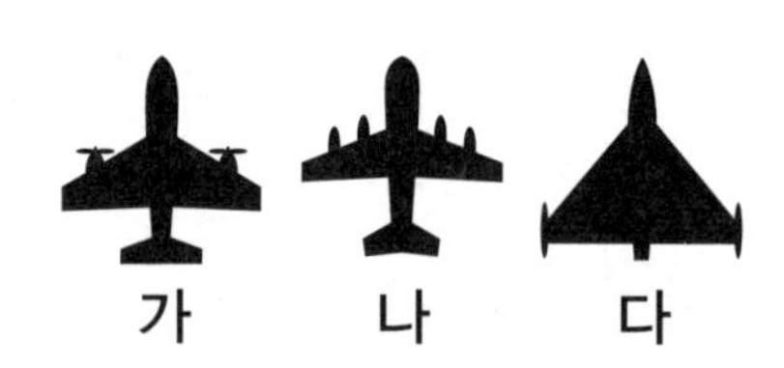

(1) 하루 동안 **가** 항공기에 탈 수 있는 승객은 모두 몇 명인가요?

식 ______ 답 ______ 명

(2) 하루 동안 **나** 항공기에 탈 수 있는 승객은 모두 몇 명인가요?

식 ______ 답 ______ 명

(3) A 항공사를 통해 하루 동안 서울에서 부산까지 갈 수 있는 승객은 모두 몇 명인가요?

식 ______ 답 ______ 명

개념 다시보기

계산해 보세요.

1

	3	7	1
×			6

2

	5	8	3
×			3

3

	6	3	5
×			4

4

	2	8	1
×			5

5

	1	3	2
×			8

6

	3	5	3
×			2

7

	2	4	3
×			7

8

	5	9	1
×			9

9

	3	3	7
×			4

도전해 보세요

1 어느 가정에서 사용하지 않는 전기 코드를 빼면 하루 135원을 절약할 수 있다고 합니다. 이 가정에서 일주일 동안 아낄 수 있는 전기 요금은 얼마인가요?

( )원

2 네 변의 길이가 같은 공원의 둘레는 몇 m인가요?

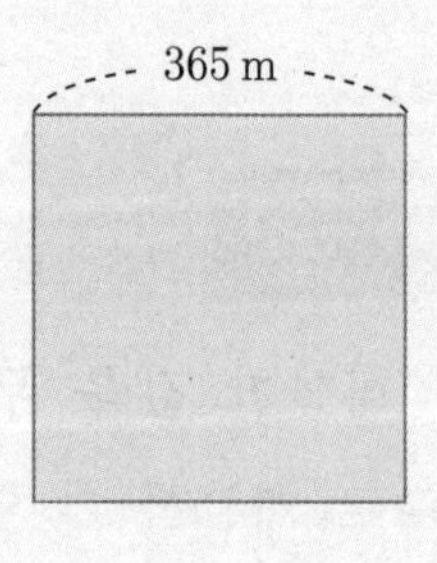

( )m

4단계 (몇십)×(몇십), (몇십몇)×(몇십)

개념연결

2-2곱셈구구	3-1곱셈	(현재)	4-1곱셈과 나눗셈
곱셈구구	(몇십)×(몇)	(몇십)×(몇십), (몇십몇)×(몇십)	(세 자리 수)×(두 자리 수)
[4]×7=28	30×4=[120]	20×40=[800], 35×20=[700]	275×50=[13750]

배운 것을 기억해 볼까요?

1 (1) 8×□=56
(2) 56÷□=8

2 (1) 40×3=
(2) 50×5=

3
$$\begin{array}{r} 37 \\ \times\ \ 6 \\ \hline \end{array}$$

(몇십)×(몇십), (몇십몇)×(몇십)을 할 수 있어요.

30초 개념

(몇십)×(몇)을 10배 하면 (몇십)×(몇십)을 한 것과 같아요.
또, (몇십몇)×(몇)을 10배 하면 (몇십몇)×(몇십)이 돼요.

20×40의 계산 방법

20×4	20×4	20×4	20×4	20×4
20×4	20×4	20×4	20×4	20×4

20×40=20×4×10
=80×10
=800

12×30의 계산 방법

12×3	12×3	12×3	12×3	12×3
12×3	12×3	12×3	12×3	12×3

12×30=12×3×10
=36×10
=360

이런 방법도 있어요!

각 자리를 계산한 값을 두 줄로 나누어 세로로 계산할 수 있어요. 이렇게 계산하면 올림에서 실수를 하지 않아요.

		2	0	
	×	4	0	
		0	0	← 20×0
	8	0	0	← 20×40
	8	0	0	

		1	2	
	×	3	0	
		0	0	← 12×0
	3	6	0	← 12×30
	3	6	0	

개념 익히기

계산해 보세요.

1

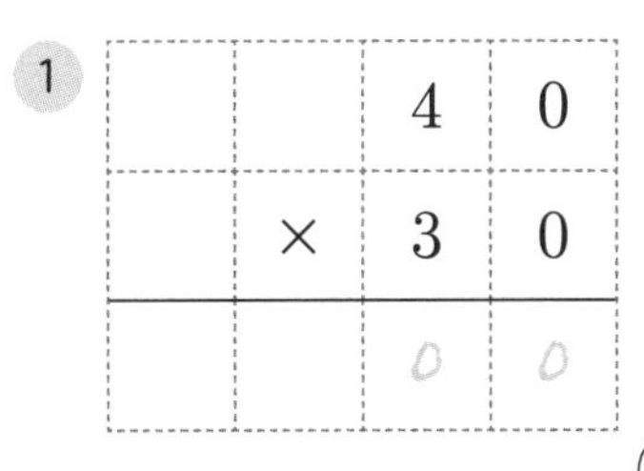

		4	0
	×	3	0
		0	0

(몇)×(몇)을 하고,
계산 결과에 0을
2개 붙여요.

2

		6	0
	×	2	0

3

		5	0
	×	7	0

4

		4	0
	×	6	0

5

		8	0
	×	3	0

6

		2	7
	×	3	0

(몇십몇)×(몇)을 하고,
계산 결과에 0을
1개 붙여요.

7

		1	3
	×	7	0

8

		3	2
	×	3	0

9

		7	4
	×	1	0

10

		5	2
	×	4	0

덤

(몇십)×(몇십), (몇십몇)×(몇십)의 계산은 뒤에 오는 0을 빼고 계산한 다음,
계산 결과에 0을 붙여요.

20×60 ➡ $2 \times 6 = 12$ ➡ $20 \times 60 = 1200$

14×20 ➡ $14 \times 2 = 28$ ➡ $14 \times 20 = 280$

개념 다지기

 계산해 보세요.

1

		5	0
	×	1	0

2

		3	0
	×	4	0

3

		2	5
	×	3	0

4

		4	6
	×	5	0

5

		5	1
	×	4	0

6

	1	7	4
×			3

7

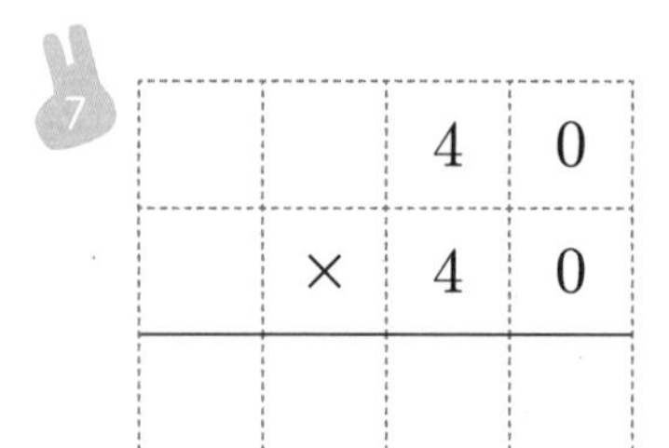

		4	0
	×	4	0

8

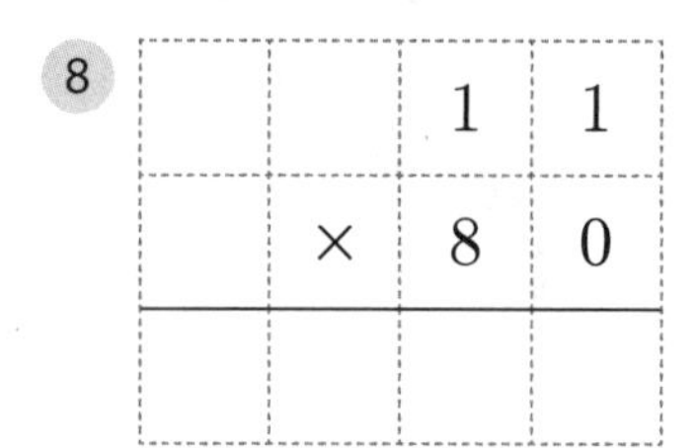

		1	1
	×	8	0

9

		3	8
	×	5	0

10

		6	0
	×	7	0

11

		2	6
	×	3	0

12

		4	9
	×	1	0

13

	2	8	3
+	4	6	0

14

		8	4
	×	3	0

15

		5	2
	×	5	0

계산해 보세요.

1 40×30

		4	0
	×	3	0

2 33×20

3 60×40

4 44×20

5 70×50

6 56×20

7 73×30

8 15×10

9 42×60

10 90×50

11 29×20

12 80×80

13 63×10

14 70×3

15 37×90

개념 키우기

문제를 해결해 보세요.

1 1분은 60초이고, 한 시간은 60분입니다. 한 시간은 몇 초인가요?

식__________ 답__________초

2 하루는 24시간이고, 한 시간은 60분입니다. 하루는 몇 분인가요?

식__________ 답__________분

3 그림을 보고 물음에 답하세요.

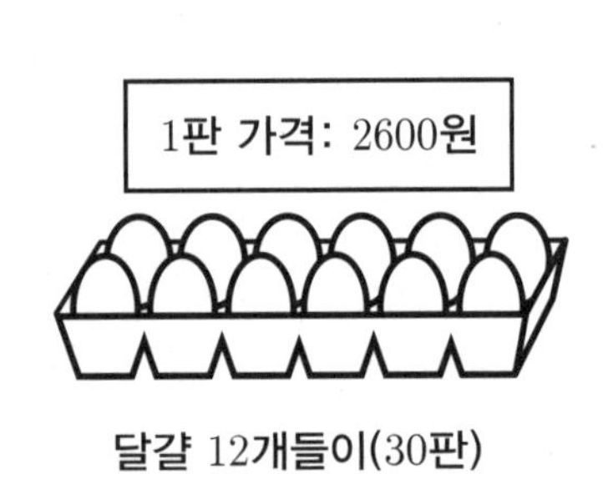

1판 가격: 5980원

달걀 30개들이(50판)

(1) 한 판에 5980원짜리 달걀 50판에는 달걀이 모두 몇 개 들어 있나요?

식__________ 답__________개

(2) 한 판에 2600원짜리 달걀 30판에는 달걀이 모두 몇 개 들어 있나요?

식__________ 답__________개

(3) 오늘 하루 동안 2600원짜리 달걀 20판과 5980원짜리 달걀 15판이 팔렸습니다.
달걀은 모두 몇 개 팔렸나요?

식____________________ 답__________개

개념 다시보기

 계산해 보세요.

1

		1	6
	×	4	0

2

		5	0
	×	2	0

3

		3	0
	×	8	0

4

		2	0
	×	7	0

5

		4	1
	×	3	0

6

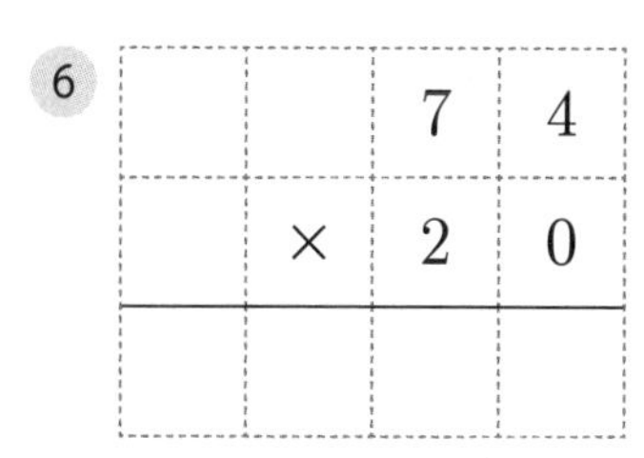

		7	4
	×	2	0

7

		6	0
	×	1	0

8

		1	7
	×	5	0

9

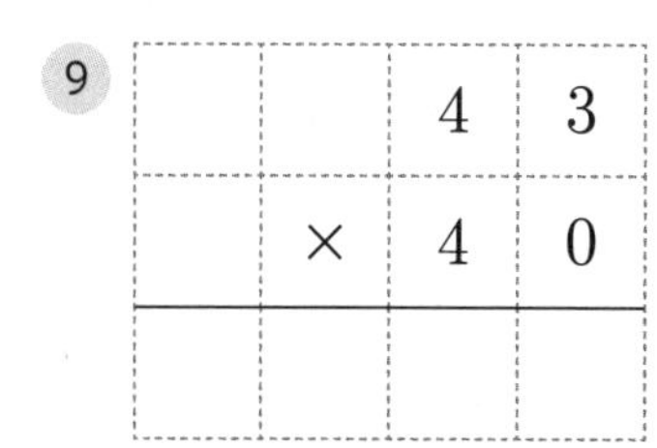

		4	3
	×	4	0

도전해 보세요

1 □ 안에 들어갈 수 있는 자연수 중 가장 작은 수를 구해 보세요.

49×□0 > 3000

(　　　　　　　　)

2 계산해 보세요.

(1) 17×200=

(2) 50×41=

5단계 (몇)×(몇십몇)

개념연결

2-2 곱셈구구	3-1곱셈		4-1곱셈과 나눗셈
곱셈구구	(몇십몇)×(몇)	(몇)×(몇십몇)	(세 자리 수)×(두 자리 수)
[7]×5=35	27×6=[162]	7×28=[196]	150×37=[5550]

배운 것을 기억해 볼까요?

1

$$\begin{array}{r} 3\ 4 \\ \times\quad 4 \\ \hline \end{array}$$

2

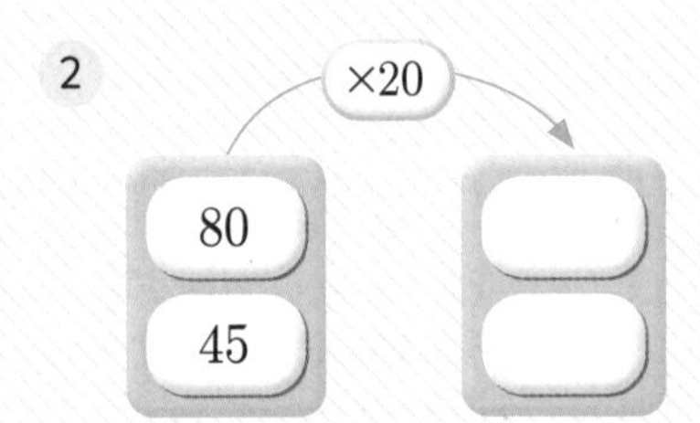

3 (1) 26×4=

(2) 34×5=

(몇)×(몇십몇)을 할 수 있어요.

30초 개념

(몇)×(몇십몇)은 (몇)×(몇십)+(몇)×(몇)으로 계산해요.

곱하는 순서를 바꾸어 (몇십몇)×(몇)으로 계산할 수도 있어요.

6×13의 계산 방법

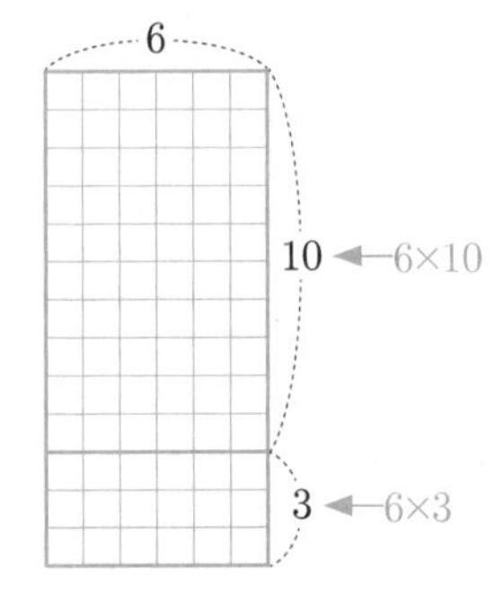

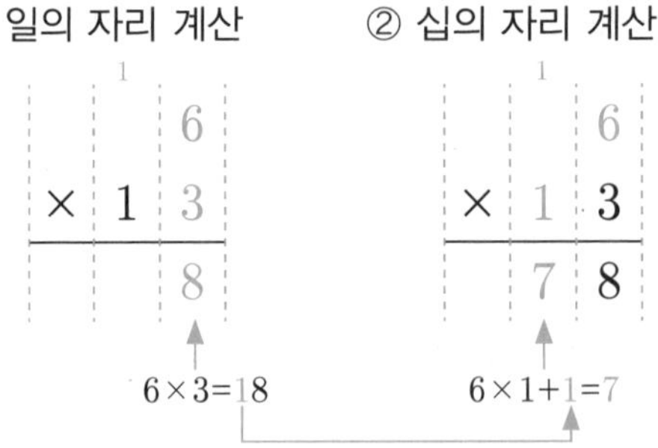

이런 방법도 있어요!

6×13=13×6이에요.

곱하는 수와 곱해지는 수를 바꾸어

계산할 수 있어요.

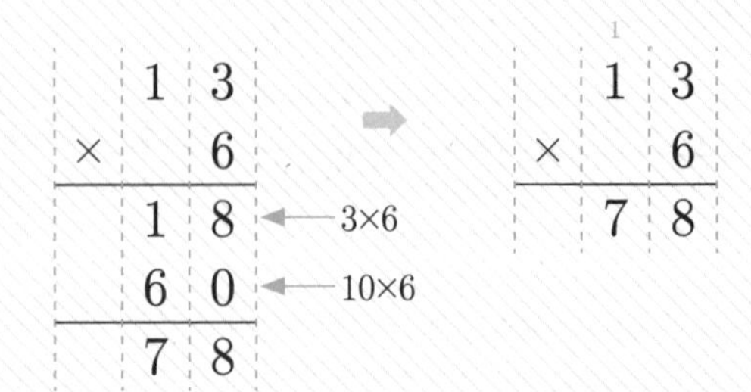

계산해 보세요.

1

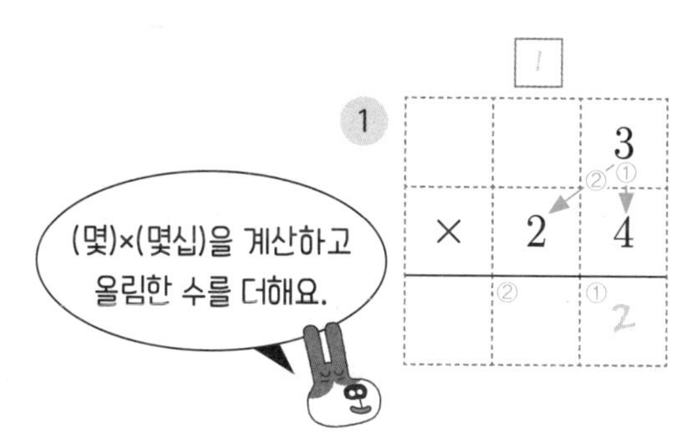

2

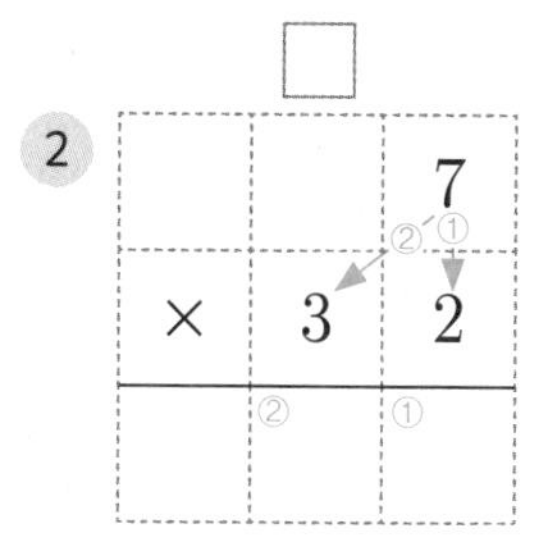

3

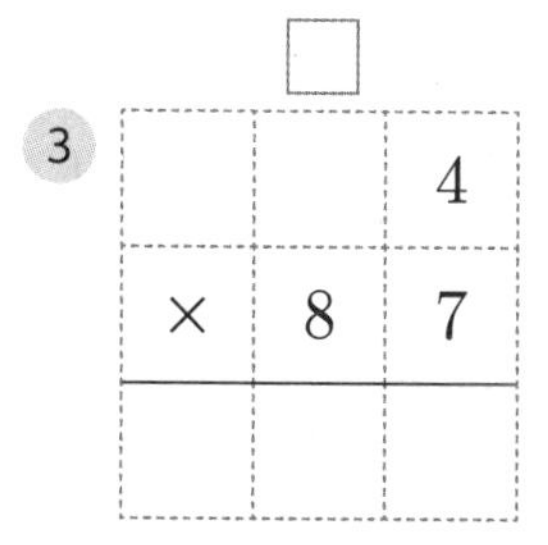

4

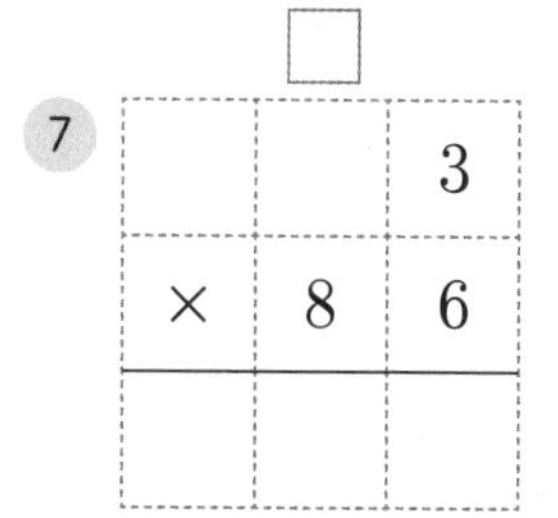

5

		5
×	5	3

6

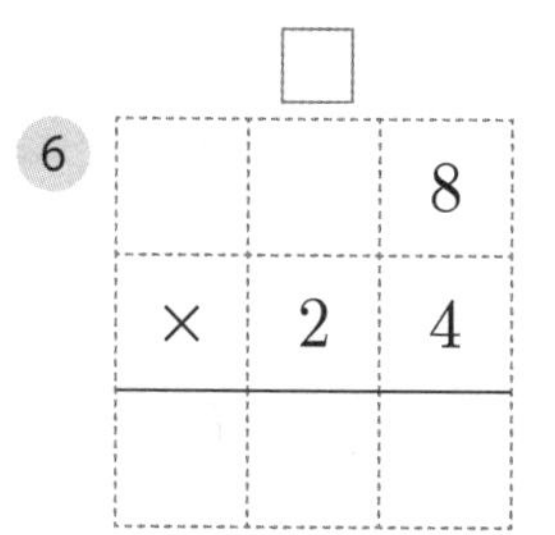

7

		3
×	8	6

8

		4
×	2	4

9

		3
×	1	8

10

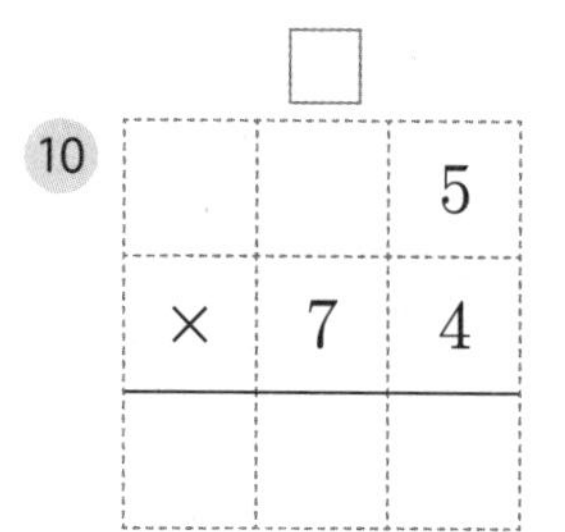

11

		8
×	3	5

일의 자리에서 올림한 수를 십의 자리 위에
쓰지 않고 세로셈으로 바로 계산할 수 있어요.

```
      3
  × 2 4
  -----
    1 2
    6 0  ← 0을 생략할 수 있어요.
  -----
    7 2
```

개념 다지기

 계산해 보세요.

1. $\begin{array}{r} 3 \\ \times\ 24 \\ \hline \end{array}$

2. $\begin{array}{r} 7 \\ \times\ 13 \\ \hline \end{array}$

3. $\begin{array}{r} 48 \\ \times\ 6 \\ \hline \end{array}$

4. $\begin{array}{r} 6 \\ \times\ 41 \\ \hline \end{array}$

5. $\begin{array}{r} 4 \\ \times\ 80 \\ \hline \end{array}$

6. $\begin{array}{r} 9 \\ \times\ 35 \\ \hline \end{array}$

7. $\begin{array}{r} 5 \\ \times\ 22 \\ \hline \end{array}$

8. $\begin{array}{r} 3 \\ \times\ 46 \\ \hline \end{array}$

9. $\begin{array}{r} 6 \\ \times\ 31 \\ \hline \end{array}$

10. $\begin{array}{r} 324 \\ \times\ 3 \\ \hline \end{array}$

11. $\begin{array}{r} 2 \\ \times\ 27 \\ \hline \end{array}$

12. $\begin{array}{r} 8 \\ \times\ 14 \\ \hline \end{array}$

13. $\begin{array}{r} 7 \\ \times\ 78 \\ \hline \end{array}$

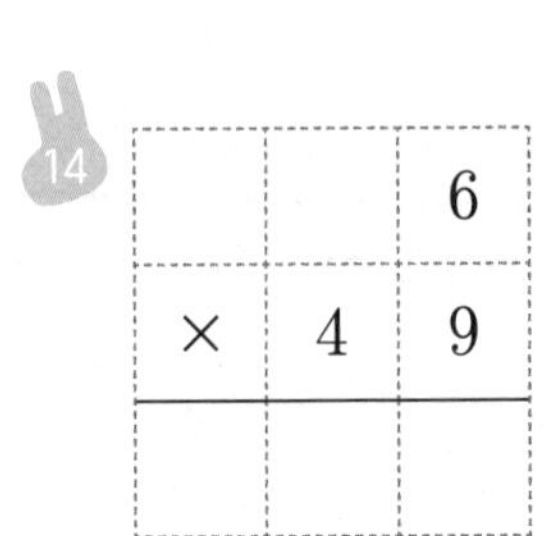

14. $\begin{array}{r} 6 \\ \times\ 49 \\ \hline \end{array}$

15. $\begin{array}{r} 3 \\ \times\ 58 \\ \hline \end{array}$

 계산해 보세요.

① 4×26

② 5×53

③ 7×31

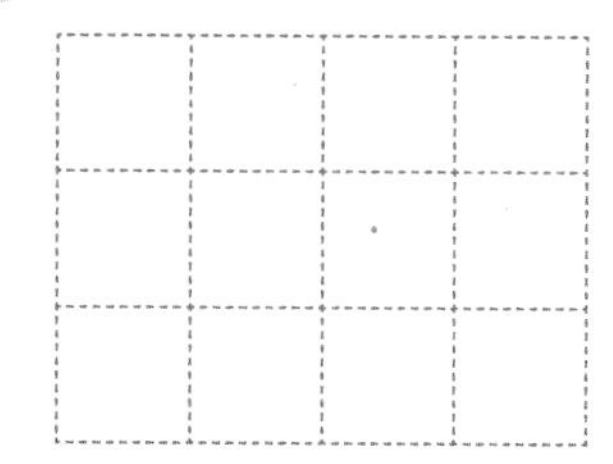

④ 2×88

⑤ $28+125$

⑥ 4×78

⑦ 3×56

⑧ 6×25

⑨ 8×65

⑩ 5×57

⑪ 7×20

⑫ 253×7

⑬ 4×93

⑭ 5×26

⑮ 9×51

 문제를 해결해 보세요.

1 멜론이 한 상자에 5개씩 34상자 있습니다.
멜론은 모두 몇 개인가요?

식________________ 답____________개

2 대관람차 한 대에 8명씩 탈 수 있습니다.
대관람차 28대에는 모두 몇 명이 탈 수 있나요?

식________________ 답____________명

3 그림을 보고 물음에 답하세요.

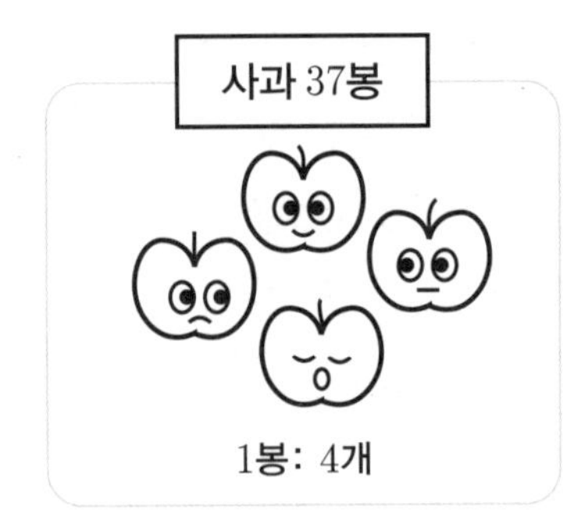

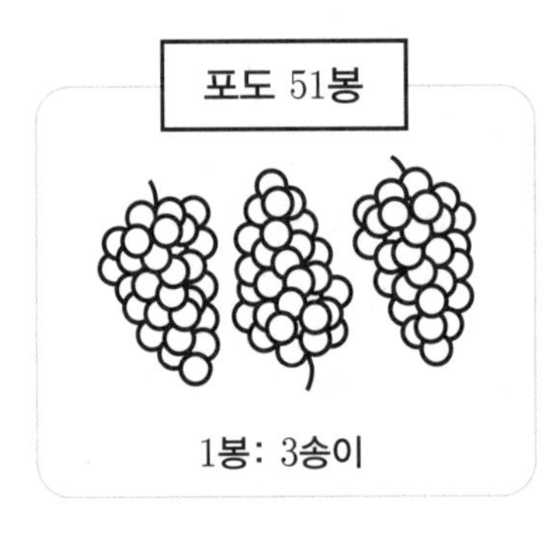

(1) 사과는 모두 몇 개인가요?

식________________ 답____________개

(2) 바나나는 모두 몇 개인가요?

식________________ 답____________개

(3) 오늘 하루 동안 포도가 15봉 팔렸습니다.
남은 포도는 몇 송이인가요?

식________________________ 답____________송이

개념 다시보기

계산해 보세요.

1. $\begin{array}{r} 2 \\ \times\ 17 \\ \hline \end{array}$

2. $\begin{array}{r} 5 \\ \times\ 35 \\ \hline \end{array}$

3. $\begin{array}{r} 8 \\ \times\ 41 \\ \hline \end{array}$

4. 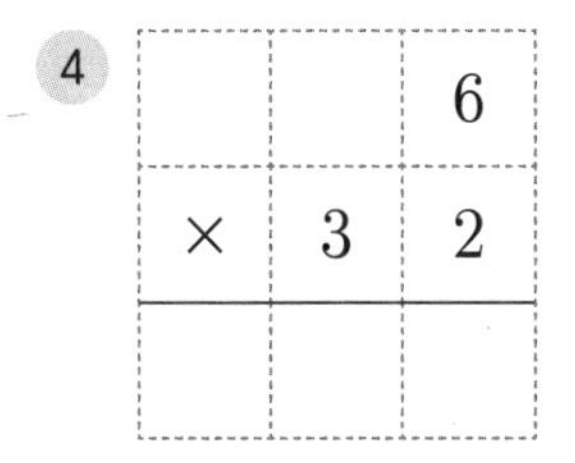
$\begin{array}{r} 6 \\ \times\ 32 \\ \hline \end{array}$

5. 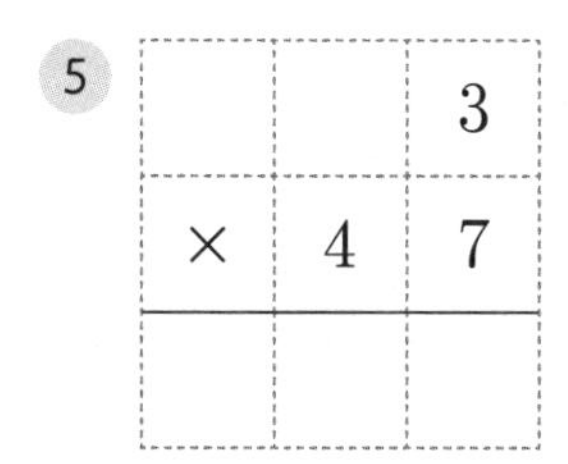
$\begin{array}{r} 3 \\ \times\ 47 \\ \hline \end{array}$

6. $\begin{array}{r} 4 \\ \times\ 74 \\ \hline \end{array}$

7. $\begin{array}{r} 7 \\ \times\ 54 \\ \hline \end{array}$

8. $\begin{array}{r} 6 \\ \times\ 48 \\ \hline \end{array}$

9. $\begin{array}{r} 9 \\ \times\ 22 \\ \hline \end{array}$

도전해 보세요

1. 수 카드 2, 4, 6 중 2장을 사용하여 다음 식을 곱이 가장 큰 곱셈식으로 만들고 계산해 보세요.

$\begin{array}{r} \square \\ \times\ 3\square \\ \hline \square\square\square \end{array}$

2. □ 안에 알맞은 수를 써넣으세요.

$\begin{array}{r} 4 \\ \times\ \square 7 \\ \hline \square 68 \end{array}$

올림이 한 번 있는

6단계 (몇십몇)×(몇십몇)

개념연결

2-2곱셈구구	3-1곱셈	(몇십몇)×(몇십몇)	4-1곱셈과 나눗셈
곱셈구구	(몇십몇)×(몇)	(몇십몇)×(몇십몇)	(세 자리 수)×(두 자리 수)
4×[8]=32	71×5=[355]	52×31=[1612]	178×42=[7476]

배운 것을 기억해 볼까요?

1 ×35

5 → ☐

8 → ☐

2

20×40 • • 20×30

30×20 • • 80×10

30×40 • • 20×60

3

$$\begin{array}{r} 3 \\ \times\ 4\ 7 \\ \hline \end{array}$$

올림이 한 번 있는 (몇십몇)×(몇십몇)을 할 수 있어요

30초 개념 곱하는 수 몇십몇을 몇십과 몇으로 나누어 계산한 후 더해요.

12×28의 계산 방법

12×28은 12×8과 12×20을 계산하여 더하는 것과 같아요.

① 12×8의 계산

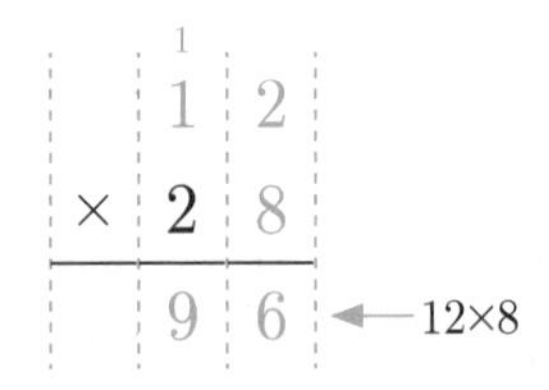

② 12×20의 계산

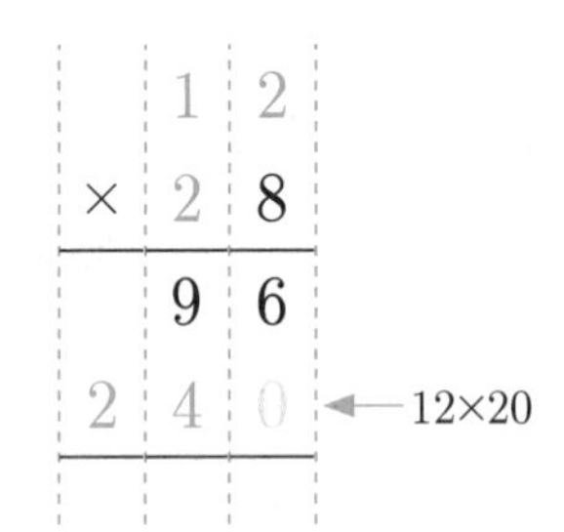

③ ①과 ②의 합

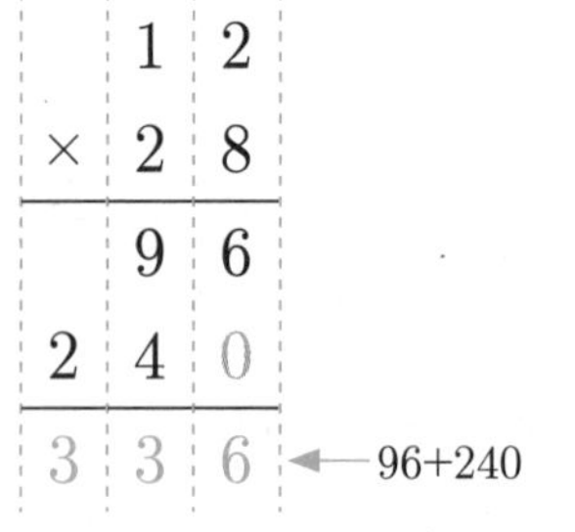

이런 방법도 있어요!

$$12\times28=12\times20+12\times8=240+96=336$$

20+8 곱하는 수 28을 20과 8로 나누어 계산해요.

월	일	☆☆☆☆☆

개념 익히기

 계산해 보세요.

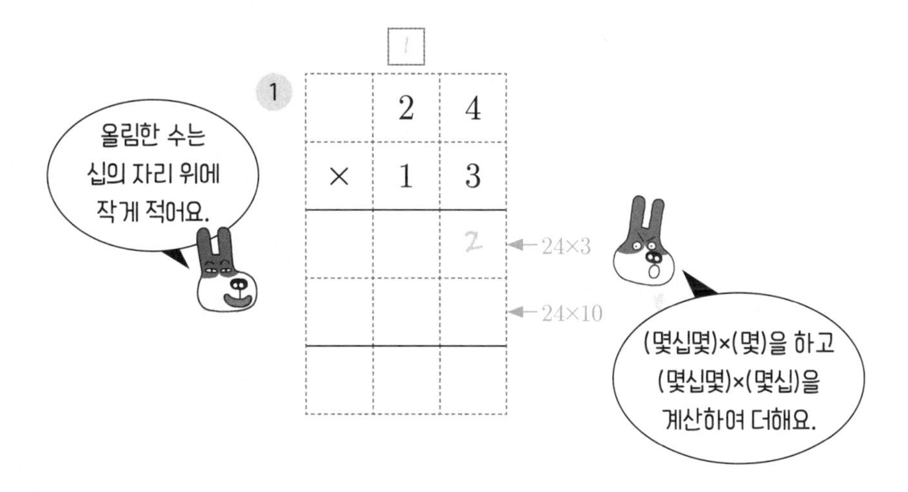

2

	1	2
×	1	7

3

	2	3
×	4	2

4

	4	5
×	2	1

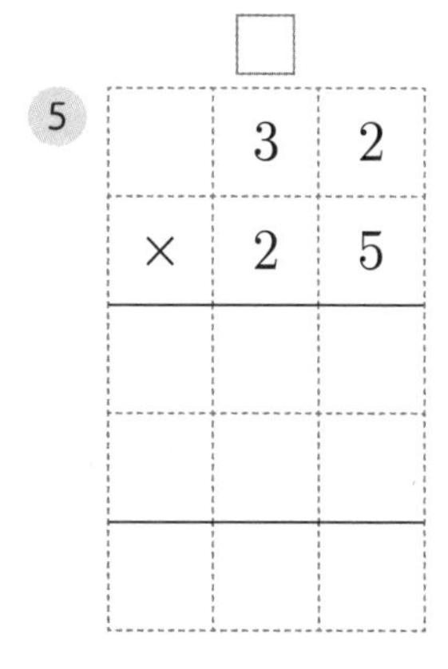
5

	3	2
×	2	5

6

	6	3
×	1	4

7

	3	4
×	2	6

8

	2	5
×	1	3

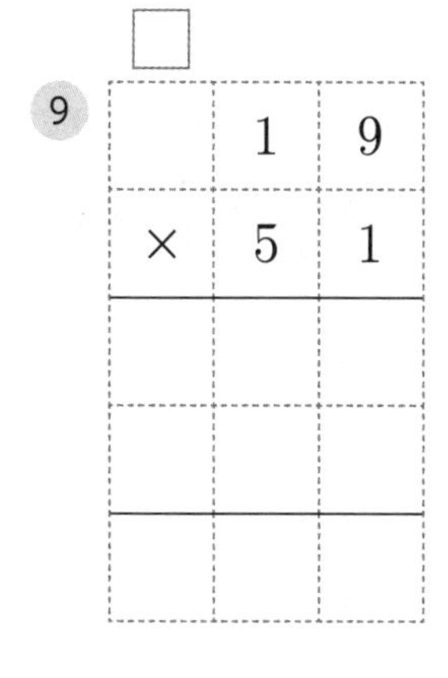
9

	1	9
×	5	1

10

	1	5
×	1	7

개념 다지기

계산해 보세요.

1

	3	9
×	2	1

2

	2	7
×	1	3

3

	1	9
×	1	5

4

	5	3
−	1	7

5

	2	4
×	2	3

6

	2	3
×	3	4

7

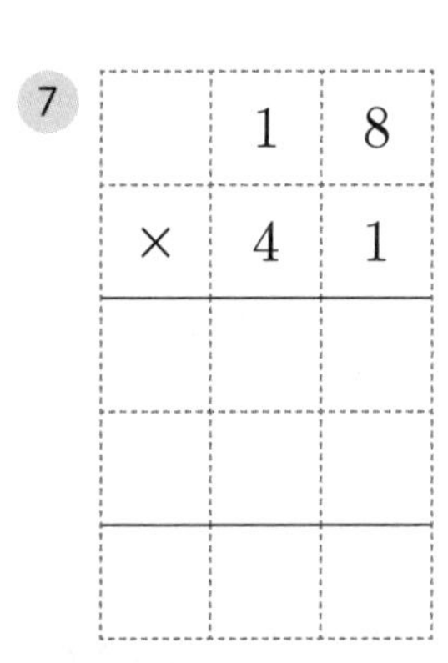

	1	8
×	4	1

8

	1	2
×	7	4

9

	5	2
×	1	5

10

	1	3
×	4	3

11

	1	6
×	1	2

12

	3	8
×	1	2

13

	2	6
+	7	4

14

	3	2
×	1	7

15

	3	4
×	2	3

16

	6	2
×	1	5

계산해 보세요.

① 12×18

	1	2
×	1	8

② 53×14

③ 28×21

④ 15×15

⑤ 53×17

⑥ 17×13

⑦ 46×12

⑧ 8×24

⑨ 26×31

⑩ 14×15

⑪ 12×26

⑫ 14×23

⑬ 75×12

⑭ 17×15

⑮ 73+52

⑯ 26×14

문제를 해결해 보세요.

1 과수원에서 사과를 수확하여 한 상자에 36개씩 넣었더니 21상자에 사과가 가득 찼습니다. 수확한 사과는 모두 몇 개인가요?

식 ____________ 답 ____________개

2 공책이 16권씩 15묶음 있습니다. 공책은 모두 몇 권인가요?

식 ____________ 답 ____________권

3 그림을 보고 물음에 답하세요.

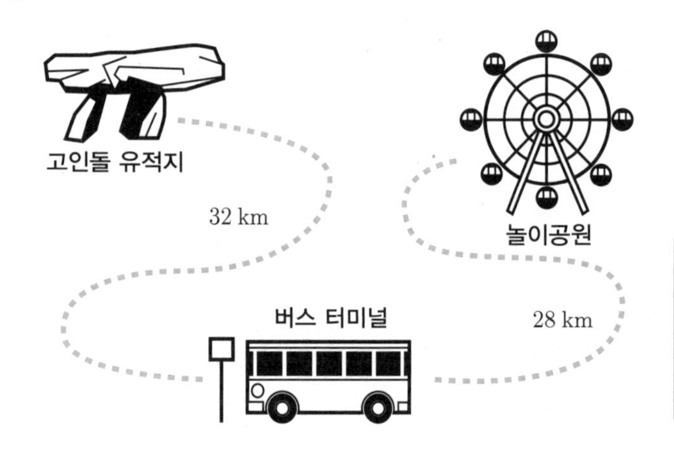

목적지	운행 정보(1일)
고인돌 유적지	7회 왕복
놀이공원	6회 왕복

(1) 버스 터미널에서 고인돌 유적지를 왕복하는 버스는 하루에 몇 회 운행되나요?

( )회

(2) 하루 동안 버스 터미널에서 고인돌 유적지를 왕복한 버스가 움직인 거리는 몇 km인가요?

식 ____________ 답 ____________km

(3) 하루 동안 버스 터미널에서 놀이공원을 왕복한 버스가 움직인 거리는 몇 km인가요?

식 ____________ 답 ____________km

계산해 보세요.

1

	3	9
×	2	1

2

	2	7
×	1	3

3

	1	9
×	1	5

4

	5	3
×	1	7

5

	2	4
×	2	3

6

	5	3
×	1	5

7

	1	8
×	4	1

8

	1	2
×	7	4

도전해 보세요

1 빈 곳에 알맞은 수를 써넣으세요.

37 × 26 = ☐

×

18

=

☐

2 수 카드 2, 3, 5를 한 번씩만 사용하여 다음 식을 곱이 가장 큰 곱셈식으로 만들어 보세요.

☐6 × ☐☐

올림이 여러 번 있는

7단계 (몇십몇)×(몇십몇)

개념연결

2-2곱셈구구	3-1곱셈		4-1곱셈과 나눗셈
곱셈구구	(몇십몇)×(몇)	(몇십몇)×(몇십몇)	(세 자리 수)×(두 자리 수)
7×6=42	47×6=282	18×67=1206	237×52=12324

배운 것을 기억해 볼까요?

1 6×4 • • 42

6×7 • • 24

2 25×13=25×☐+25×☐

=☐+☐

=☐

3
```
    4
×  ☐8
-----
  152
```

올림이 여러 번 있는 (몇십몇)×(몇십몇)을 할 수 있어요

30초 개념 곱하는 수 몇십몇을 몇십과 몇으로 나누어 곱셈을 해요.

27×35의 계산 방법

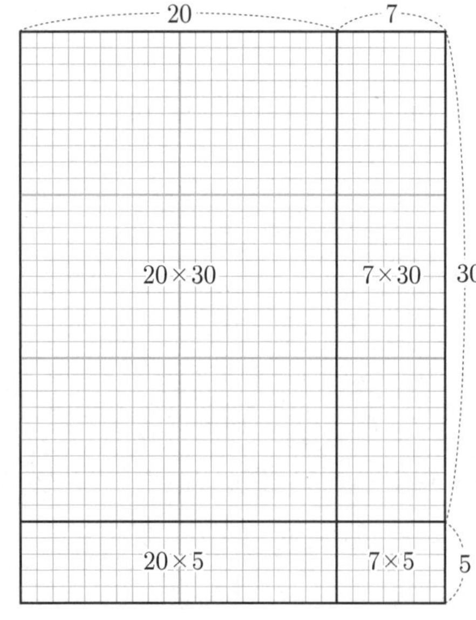

① 27×5의 계산

```
     3
    2 7
×   3 5
-------
  1 3 5   ← 27×5
```

② 27×30의 계산

```
   2
    2 7
×   3 5
-------
  1 3 5
  8 1 0   ← 27×30
-------
  9 4 5   ← 135+810
```

이런 방법도 있어요!

27×35=27×30+27×5=810+135=945

곱하는 수 35를 30과 5로 나누어 계산해요.

계산해 보세요.

1

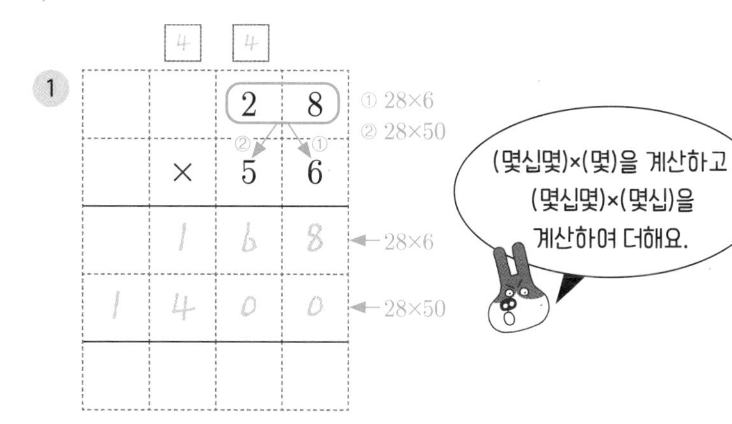

(몇십몇)×(몇)을 계산하고
(몇십몇)×(몇십)을
계산하여 더해요.

2

		3	5
	×	4	2

3

		4	7
	×	5	3

4

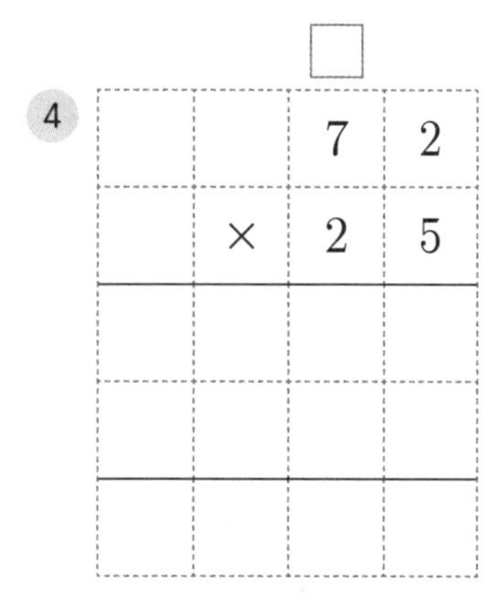

		7	2
	×	2	5

5

		5	6
	×	4	4

6

		2	8
	×	3	5

7

		4	2
	×	6	5

8

		8	2
	×	2	7

올림이 있는 곱셈에서는 올림한 수를 잘 기억해야 해요.
'두 자리 수'의 곱셈에서 나만의 방법으로 곱셈을 할 수도 있어요.

 계산해 보세요.

1. 56×53

2. 27×46

3. 43×35

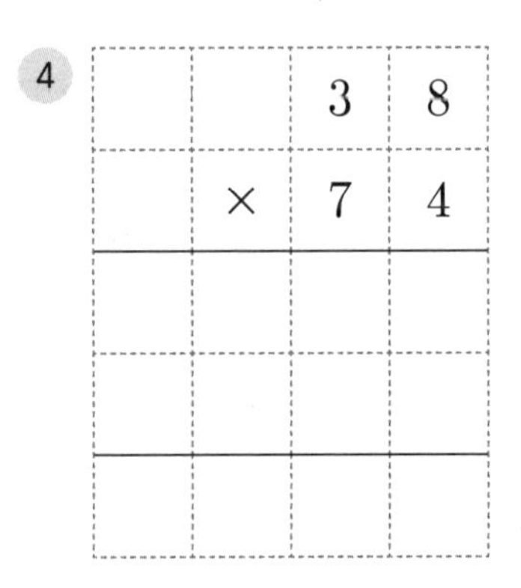

4. 38×74

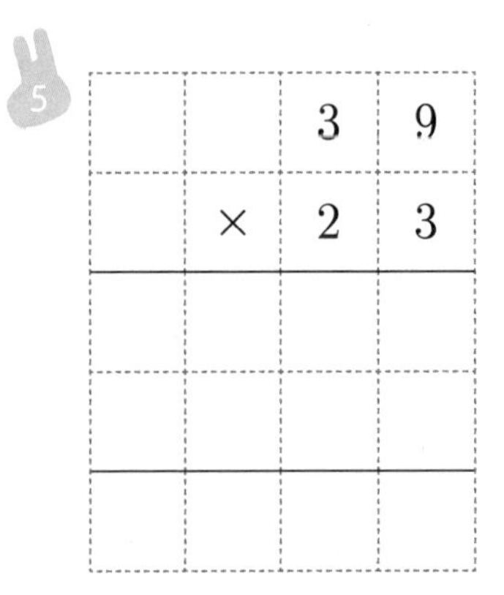

5. 39×23

6. 59×48

7. 67×55

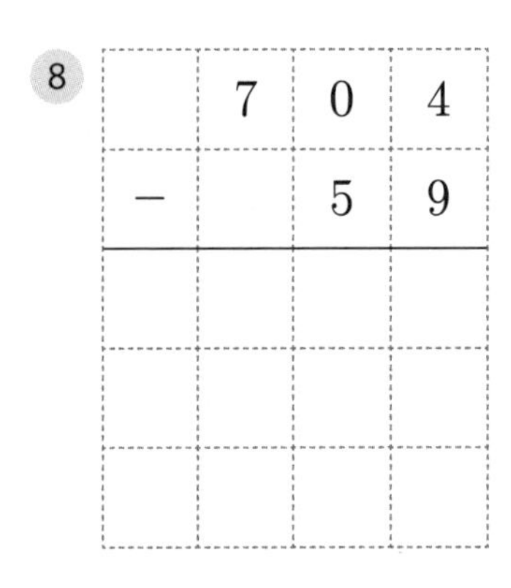

8. $704 - 59$

9. 24×83

10. 45×34

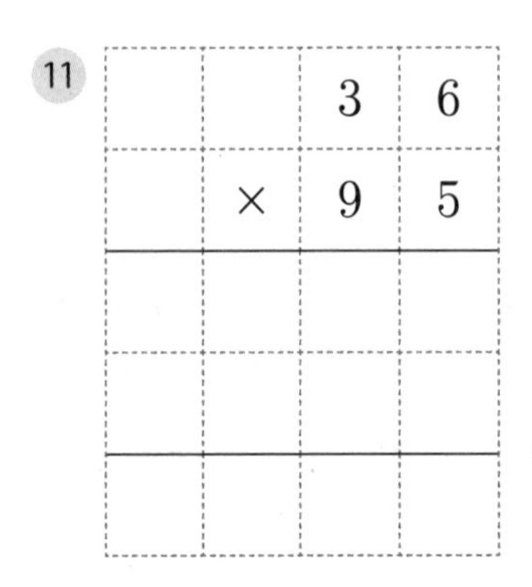

11. 36×95

12. $652 - 287$

월	일	☆☆☆☆☆

계산해 보세요.

① 23×56

② 35×43

③ 29×32

④ 83×28

⑤ 59×38

⑥ 452+783

⑦ 27×43

⑧ 66×22

⑨ 25×54

⑩ 528−275

⑪ 58×75

⑫ 46×26

월 일 ☆☆☆☆☆

개념 키우기

문제를 해결해 보세요.

1 한 시간에 자전거를 55대 만드는 공장이 있습니다.
이 공장에서 48시간 동안 만들 수 있는 자전거는 모두 몇 대인가요?

식 ______________ 답 ______________대

2 음료수가 한 상자에 25개씩 들어 있습니다.
34상자에는 음료수가 모두 몇 개 들어 있나요?

식 ______________ 답 ______________개

3 그림을 보고 물음에 답하세요.

버스 운행 횟수(1일)		
	오전	오후
일반 버스	10회	15회
우등 버스	12회	15회

(1) 하루 동안 일반 고속버스에 탑승할 수 있는 승객은 모두 몇 명인가요?

식 ______________ 답 ______________명

(2) 하루 동안 우등 고속버스에 탑승할 수 있는 승객은 모두 몇 명인가요?

식 ______________ 답 ______________명

(3) 일반 고속버스를 오후에 탑승할 수 있는 승객은 오전에 탑승할 수 있는 승객보다 몇 명 더 많나요?

식 ______________ 답 ______________명

개념 다시보기

계산해 보세요.

1

		3	4
	×	2	7

2

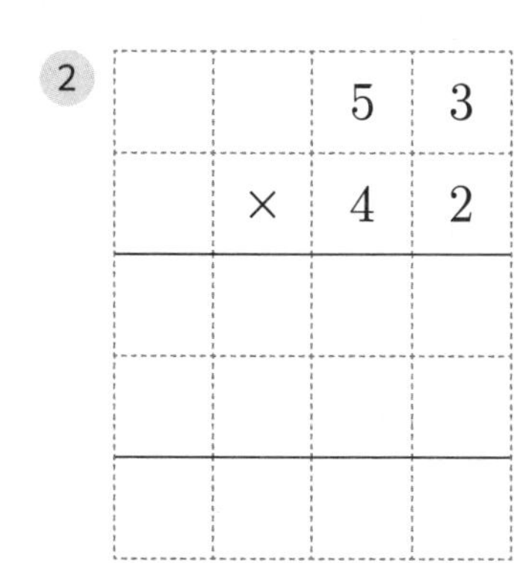

3

		8	5
	×	3	8

4

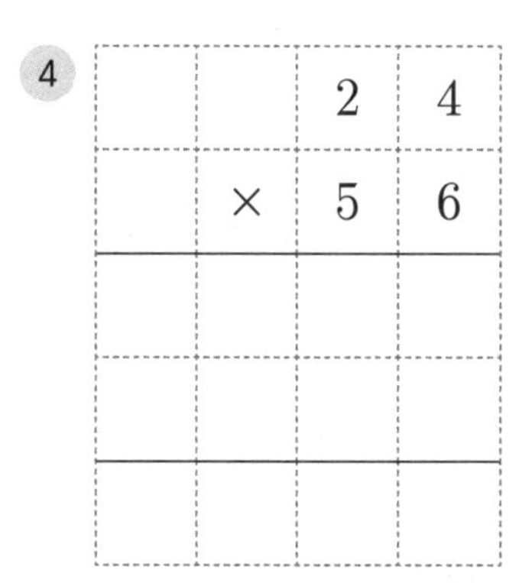

5

		7	2
	×	6	3

6

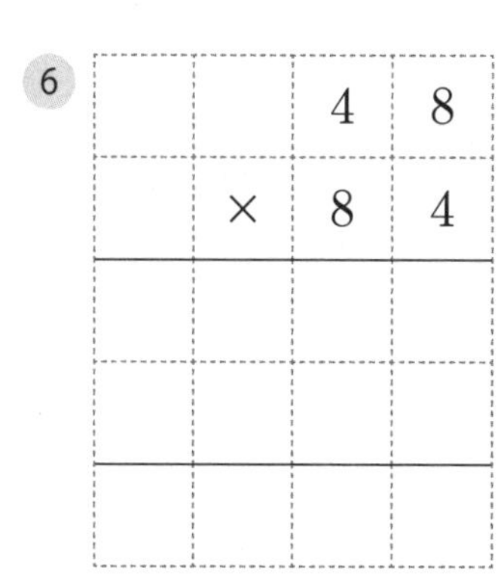

도전해 보세요

1 과자 한 상자의 무게는 몇 g인가요?
(단, 상자의 무게는 생각하지 않아요.)

1봉지의 무게: 75 g

(   )g

2 빈 곳에 알맞은 수를 써넣으세요.

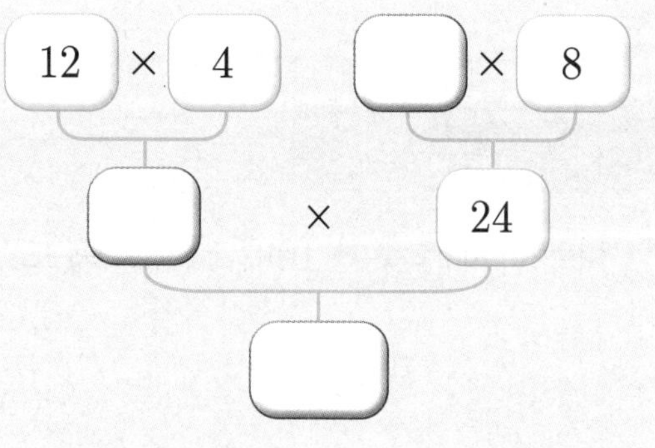

8단계 (몇십)÷(몇)

개념연결

3-1나눗셈	3-1나눗셈		4-1곱셈과 나눗셈
똑같이 나누기	몫 구하기	(몇십)÷(몇)	두 자리 수로 나누기
$20-5-5-5-5=0 \rightarrow 20\div\boxed{5}=4$	$32\div8=\boxed{4}$	$70\div2=\boxed{35}$	$640\div32=\boxed{20}$

배운 것을 기억해 볼까요?

1 $8\div\square=\square$

2 (1) $15\div3=$
(2) $12\div4=$
(3) $16\div4=$

3 $24\div\square=6$
➡ $\square\times6=24$

나머지가 없는 (몇십)÷(몇)을 할 수 있어요.

30초 개념 나눗셈은 곱셈구구를 이용하여 계산해요. (몇십)÷(몇)에서 먼저 (몇)÷(몇)을 계산하고, 내림이 있는 경우 내림한 수로 (몇십)÷(몇)을 계산해요.

70÷2의 계산 방법

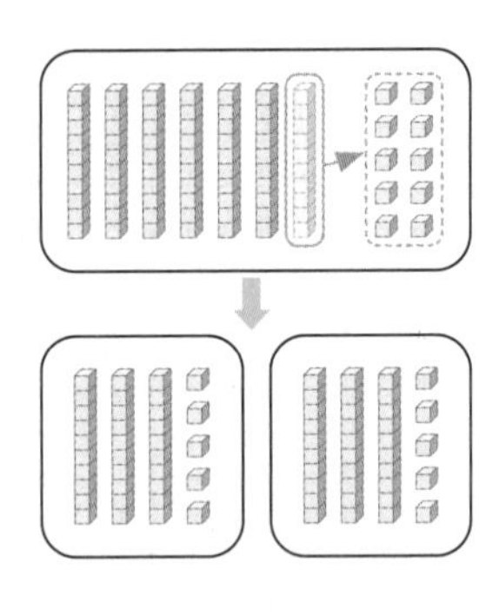

① 십의 자리 계산

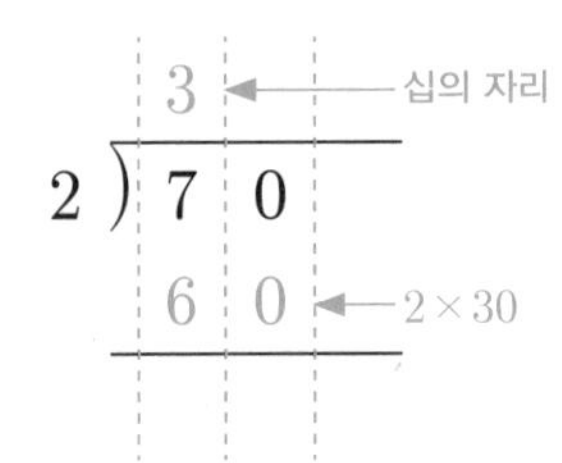

② 일의 자리 계산

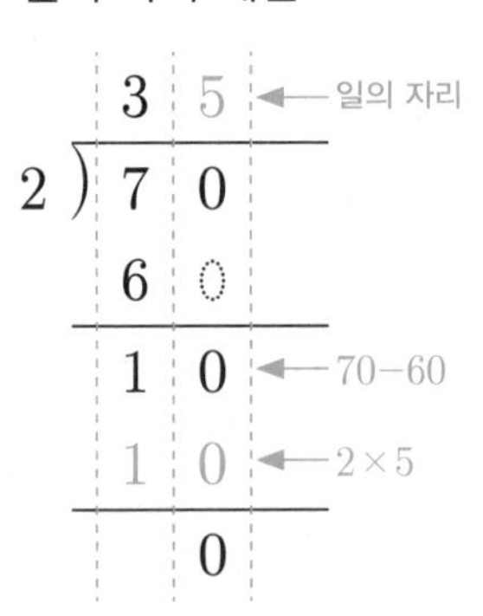

이런 방법도 있어요!

나누어지는 수가 10배 커지면 몫도 10배 커져요.

$8\div4=2 \rightarrow 80\div4=20$ (10배, 10배)

계산해 보세요.

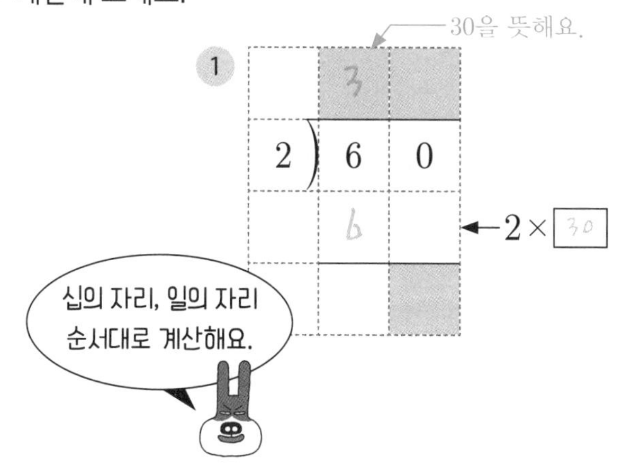

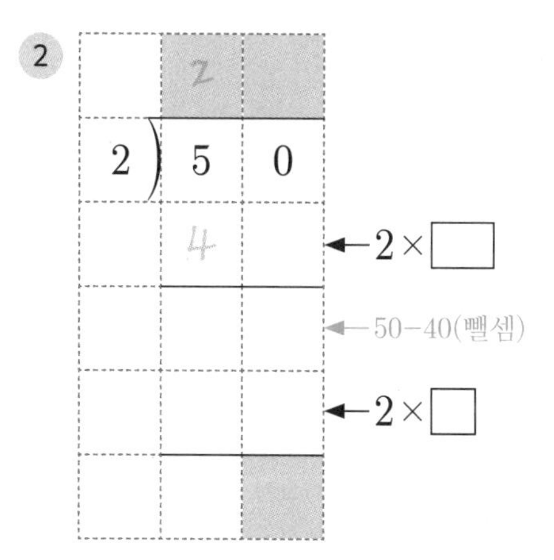

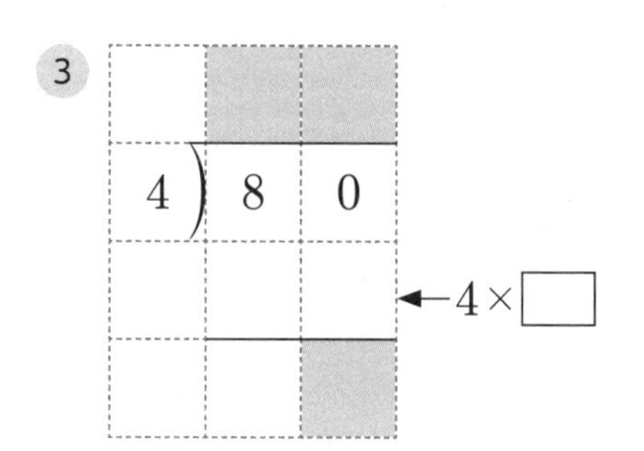

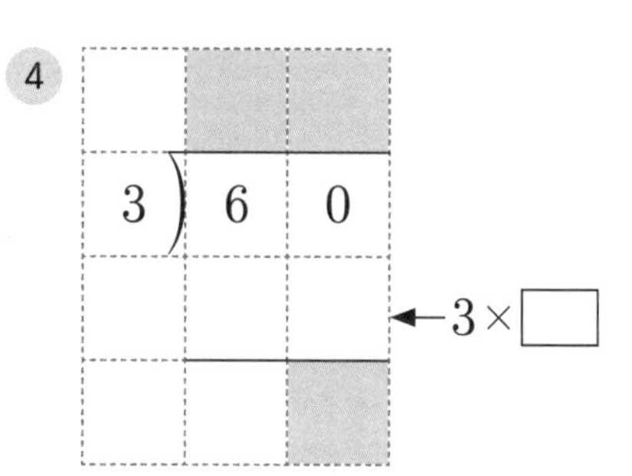

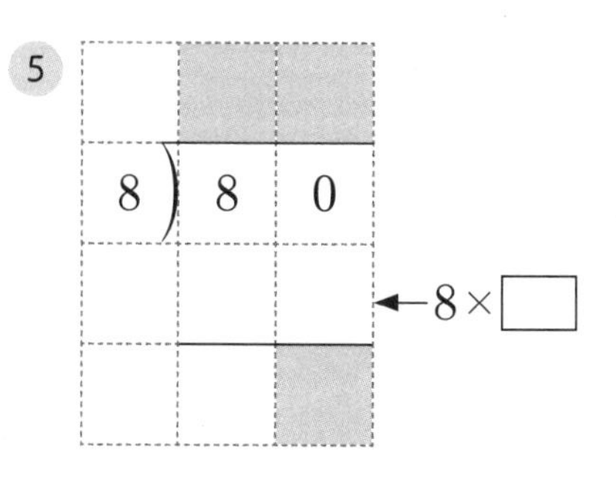

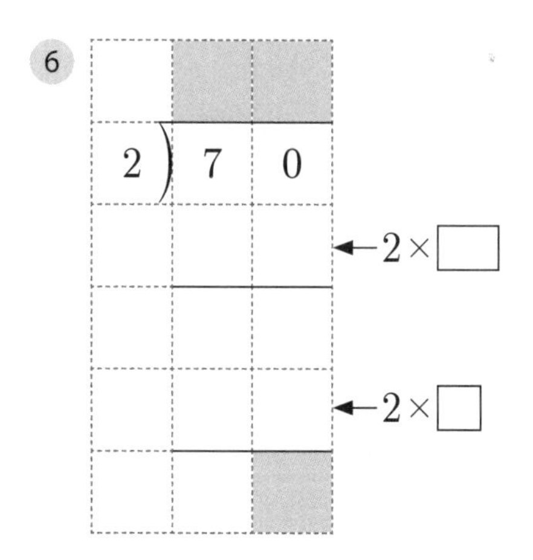

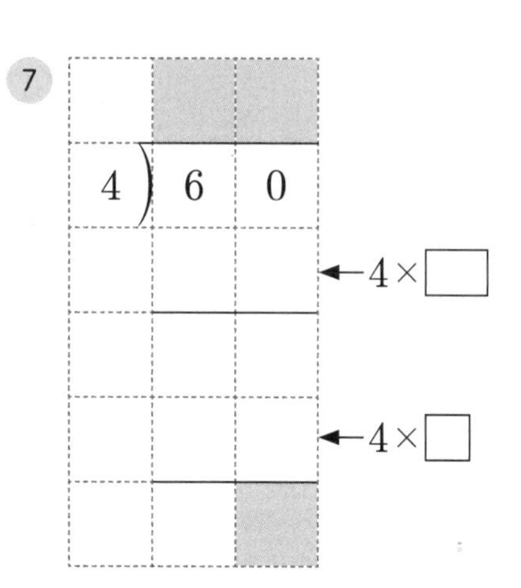

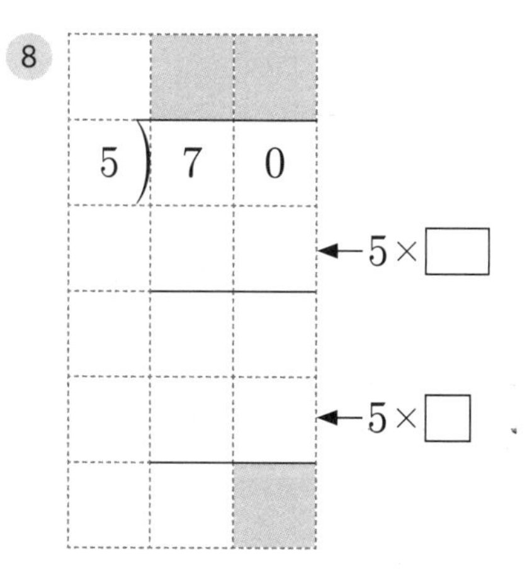

십의 자리에서 나눗셈을 하고, 십의 자리에 남는 수가 없으면 몫의 일의 자리에 0을 써서 나타내요.

$$\begin{array}{r} 30 \\ 2\overline{)60} \\ \underline{60} \\ 0 \end{array}$$

← 나머지가 없으므로 몫의 일의 자리에 0을 써요.

개념 다지기

 계산해 보세요.

1. $5\overline{)80}$

2. $2\overline{)80}$

3. $6\overline{)60}$

4. $4\overline{)80}$

5. $3\overline{)30}$

6. $\begin{array}{r} 7 \\ \times\ 24 \\ \hline \end{array}$

7. $7\overline{)70}$

8. $2\overline{)40}$

9. $2\overline{)90}$

10. $\begin{array}{r} 18 \\ \times\ 32 \\ \hline \end{array}$

11. $5\overline{)90}$

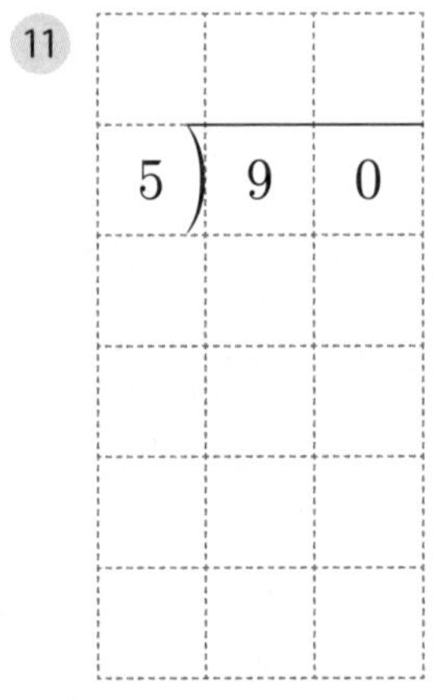

12. $2\overline{)50}$

계산해 보세요.

① $70 \div 2$

② $40 \div 4$

③ $50 \div 5$

④ $80 \div 4$

⑤ 20×12

⑥ $70 \div 5$

⑦ $80 \div 8$

⑧ $60 \div 3$

⑨ 8×28

⑩ $50 \div 2$

⑪ $90 \div 3$

⑫ $30 \div 2$

문제를 해결해 보세요.

1 색종이 50장을 한 명에게 5장씩 주려고 합니다.
색종이를 몇 명에게 나누어 줄 수 있나요?

식 ________________ 답 ________________ 명

2 구운 달걀 30개를 한 봉에 2개씩 담아 포장하였습니다.
포장한 달걀은 모두 몇 봉인가요?

식 ________________ 답 ________________ 봉

3 운동회 상품을 나누어 주고 있습니다. 그림을 보고 물음에 답하세요.

공책 80권 빼빼로 50개

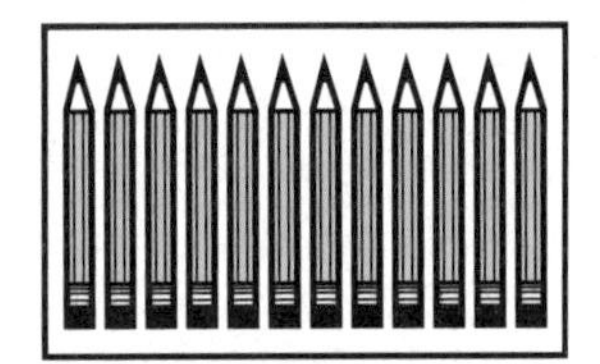

연필 60타

로봇 장난감 30개

(1) 로봇 장난감을 3학년 각 반에 6개씩 모두 나누어 주었으면 3학년은 모두 몇 반인가요?

식 ________________

답 ________________ 반

(2) 공책은 8권이 한 묶음입니다.
공책은 모두 몇 묶음인가요?

식 ________________

답 ________________ 묶음

(3) 빼빼로를 한 명에게 2개씩 주려고 합니다.
몇 명에게 나누어 줄 수 있나요?

식 ________________ 답 ________________ 명

 계산해 보세요.

1
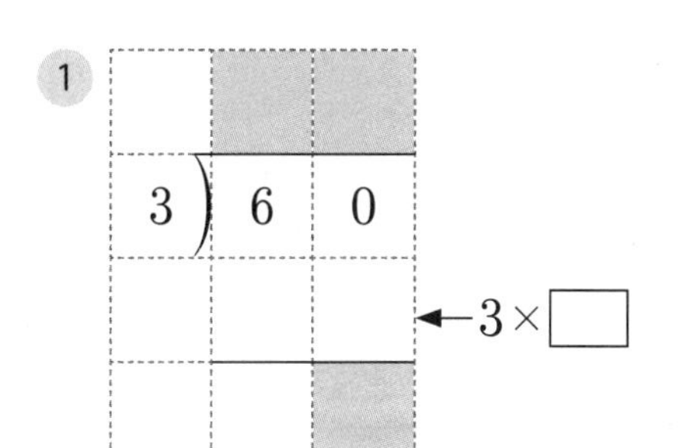

2
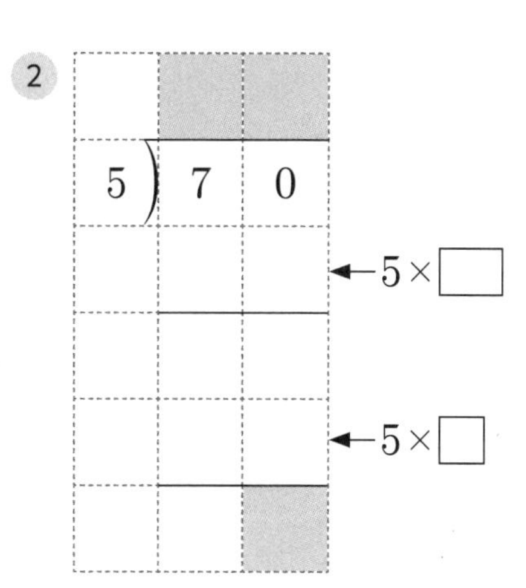

3
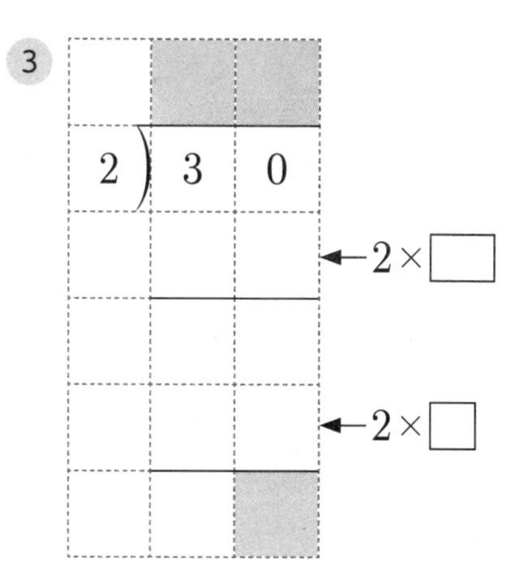

4
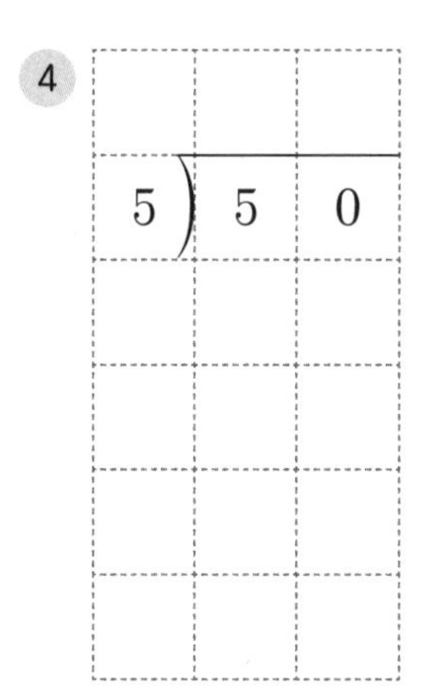

5
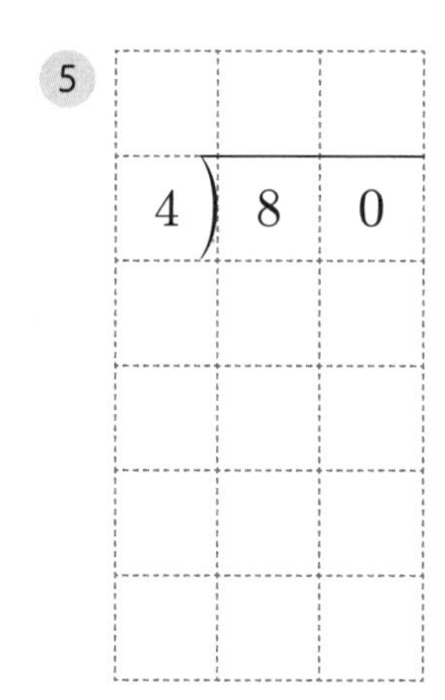

6
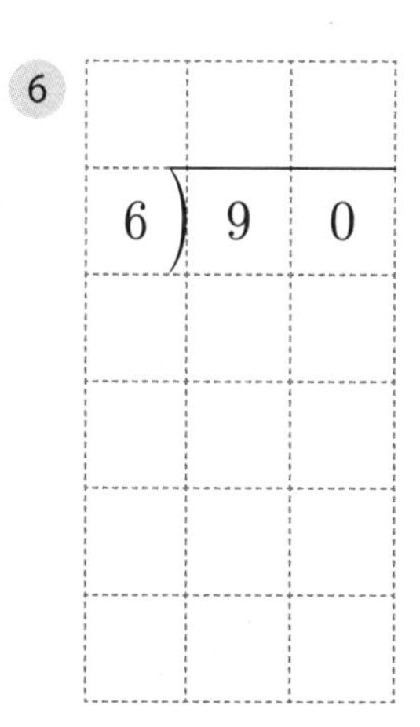

도전해 보세요

1 몫의 크기를 비교하여 ◯ 안에 >, =, <를 알맞게 써넣으세요.

60÷3 ◯ 40÷2

70÷5 ◯ 30÷2

2 빈 곳에 알맞은 수를 써넣으세요.

46 | ÷2 | ☐

88 | ÷4 | ☐

내림과 나머지가 없는

9단계 (몇십몇)÷(몇)

개념연결

3-1나눗셈	3-1나눗셈	(몇십몇)÷(몇)	4-1곱셈과 나눗셈
똑같이 나누기	몫 구하기		두 자리 수로 나누기
8-4-4=0 → 8÷[4]=2	18÷9=[2]	46÷2=[23]	255÷36=[7]…[3]

배운 것을 기억해 볼까요?

1 9÷3=☐

↓

90÷3=☐

2 (1) 70÷5=

(2) 80÷5=

(3) 90÷5=

3

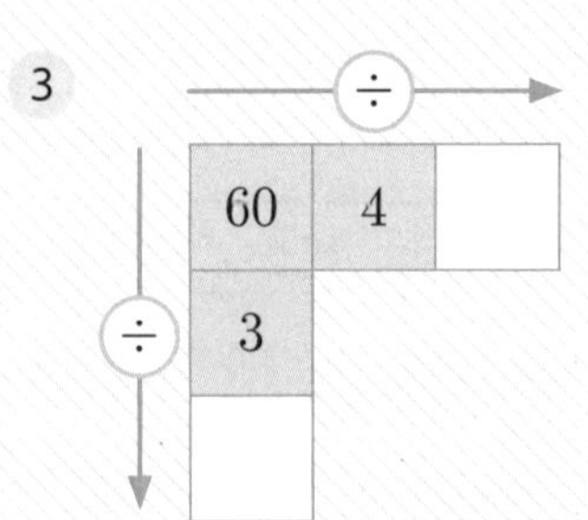

내림과 나머지가 없는 (몇십몇)÷(몇)을 할 수 있어요.

30초 개념 나눗셈에서 내림이 없고, 나머지가 없으면 '나누어지는 수'를 십의 자리 수와 일의 자리 수로 구분하여 계산할 수 있어요.

46÷2의 계산 방법

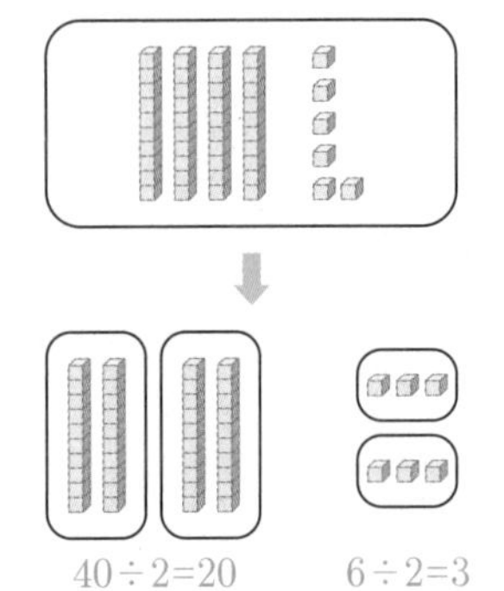

① 십의 자리 계산

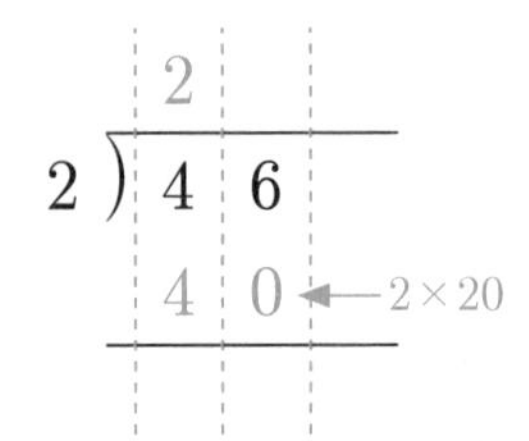

② 일의 자리 계산

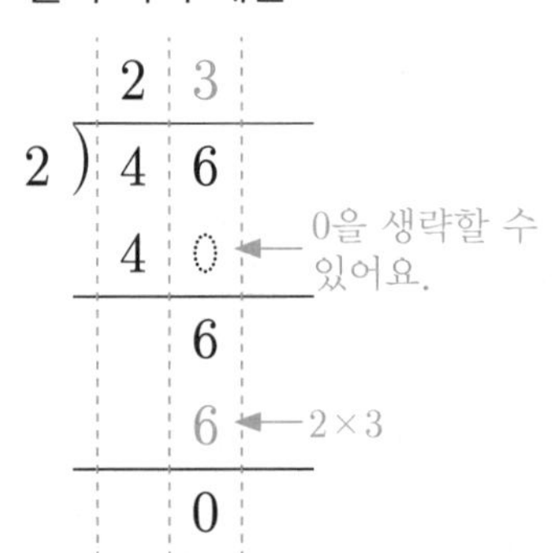

이런 방법도 있어요!

나눗셈은 가로보다는 세로로 식을 써서 푸는 것이 편리할 때가 많아요.

나누는 수

24÷3=8　　3) 2 4　8 ← 몫

나누어지는 수

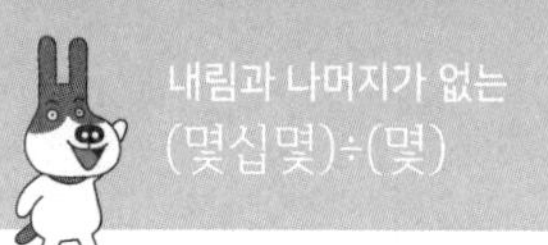

계산해 보세요.

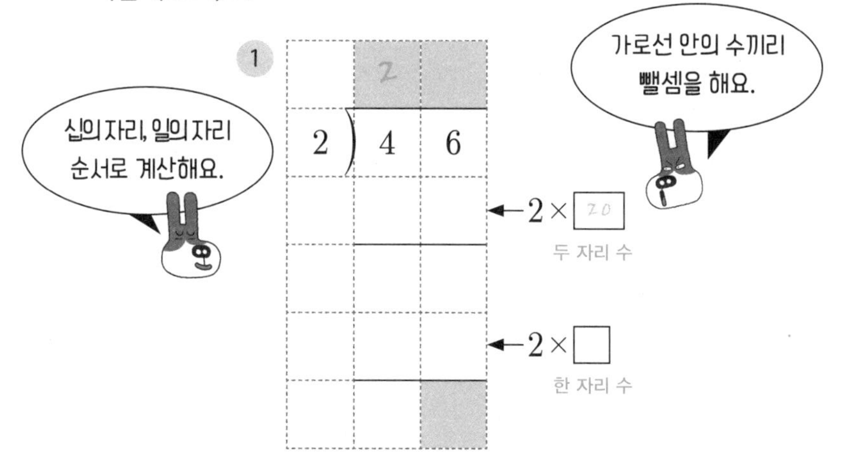
십의 자리, 일의 자리
순서로 계산해요.
가로선 안의 수끼리
뺄셈을 해요.
2
2
4
6
2 ×
두 자리 수
2 ×
한 자리 수

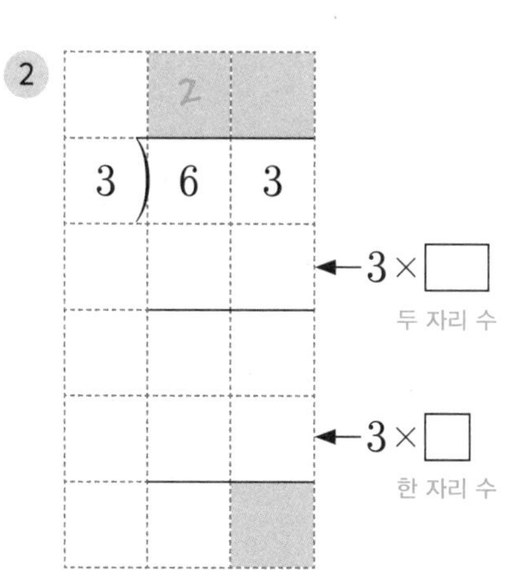
2
3
6
3
3 ×
두 자리 수
3 ×
한 자리 수

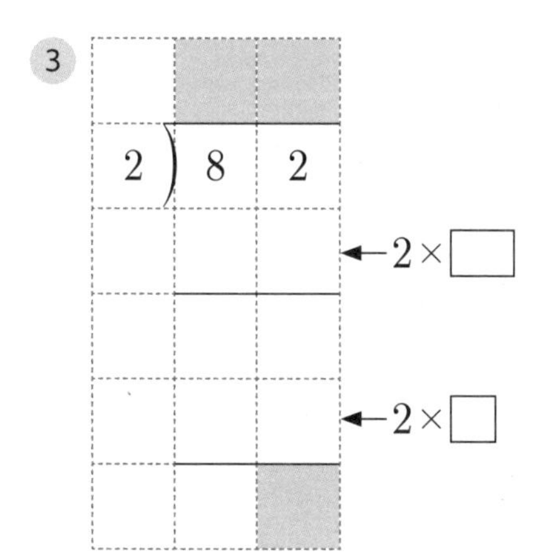
3
2
8
2
2 ×
2 ×

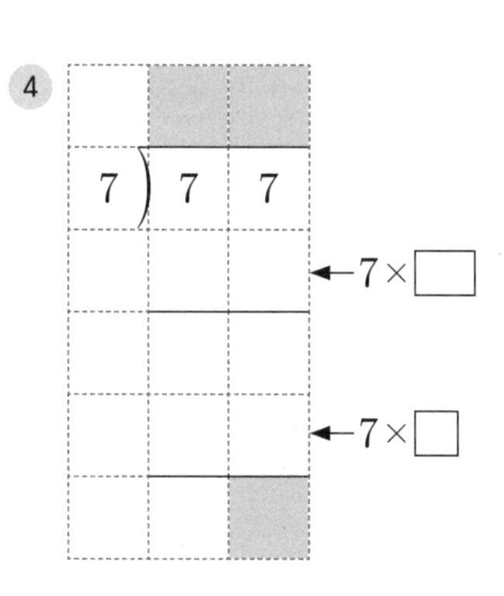
4
7
7
7
7 ×
7 ×

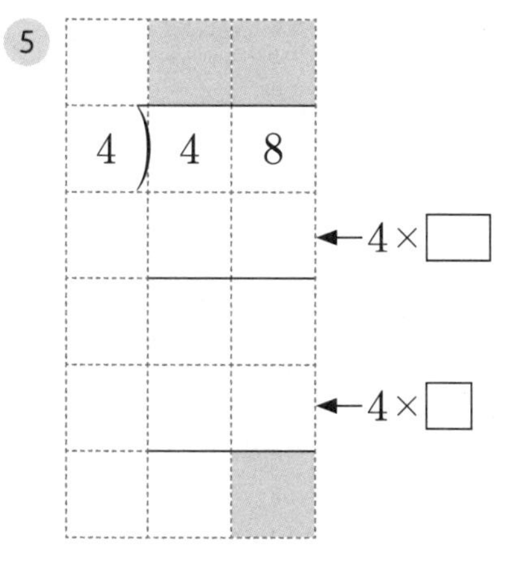
5
4
4
8
4 ×
4 ×

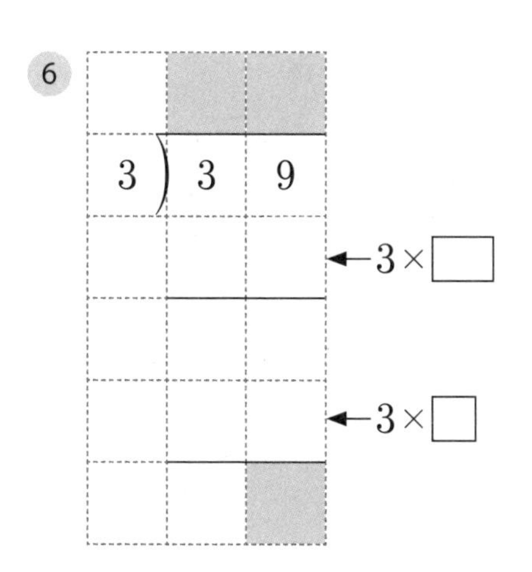
6
3
3
9
3 ×
3 ×

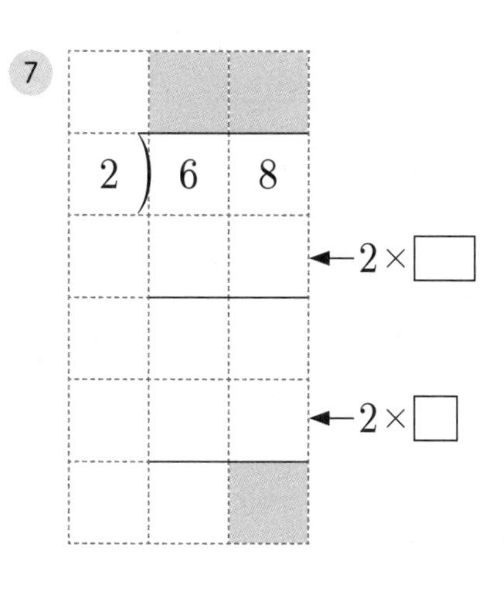
7
2
6
8
2 ×
2 ×

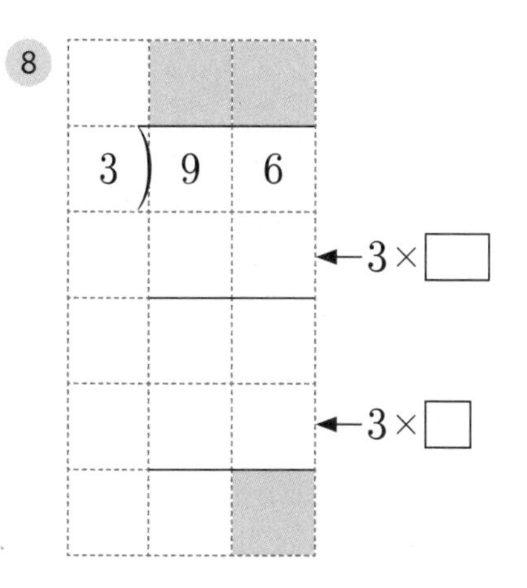
8
3
9
6
3 ×
3 ×

개념 다지기

 계산해 보세요.

1. $2\overline{)46}$

2. $6\overline{)66}$

3. $4\overline{)84}$

4. $3\overline{)63}$

5. $3\overline{)36}$

6. $2\overline{)28}$

7. $\begin{array}{r} 42 \\ \times\ 16 \\ \hline \end{array}$

8. $3\overline{)63}$

9. $8\overline{)88}$

10. $2\overline{)82}$

11. $\begin{array}{r} 64 \\ \times\ \ 8 \\ \hline \end{array}$

12. $4\overline{)48}$

계산해 보세요.

1 64÷2

2 96÷3

3 4×26

4 84÷2

5 48÷4

6 26÷2

7 55÷5

8 36×7

9 96÷3

10 42÷2

11 88÷4

12 99÷3

문제를 해결해 보세요.

1 사과 48개를 한 명에게 4개씩 나누어 주면 몇 명에게 나누어 줄 수 있나요?

식 ________________ 답 ____________명

2 지점토 63덩이를 3모둠이 똑같이 나누어 쓰려고 합니다.
한 모둠이 지점토를 몇 덩이씩 쓸 수 있나요?

식 ________________ 답 ____________덩이

3 지혜네 반 학생들이 농장 체험을 갔습니다. 물음에 답하세요.

(1) 당근 26개를 2자루에 똑같이 나누어 담으려고 합니다.
한 자루에 몇 개씩 담아야 하나요?

식 ________________ 답 ____________개

(2) 배추는 한 자루에 3포기씩 담을 수 있습니다.
배추 39포기를 자루에 담으려면 자루가 몇 개 필요한가요?

식 ________________ 답 ____________개

(3) 대파 88개를 지혜네 반 학생들에게 4개씩 똑같이 나누어 주었습니다.
지혜네 반 학생은 모두 몇 명인가요?

식 ________________ 답 ____________명

개념 다시보기

계산해 보세요.

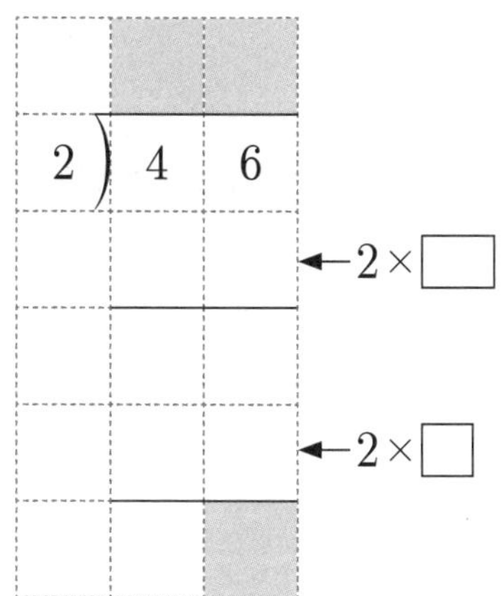

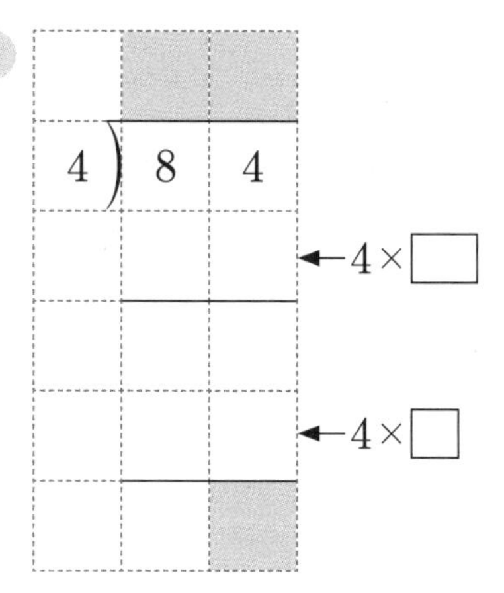

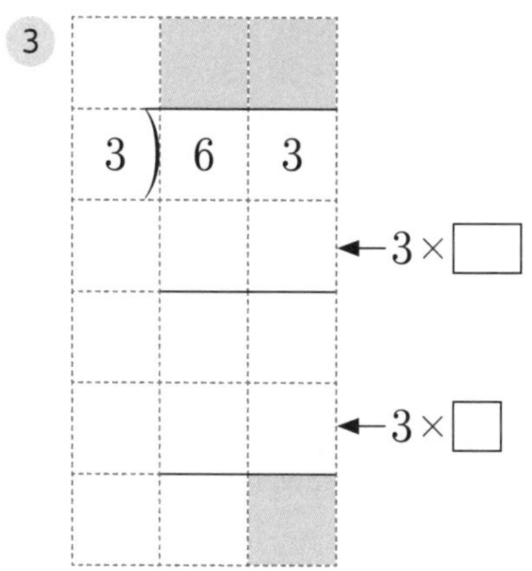

4
$8 \overline{) 88}$

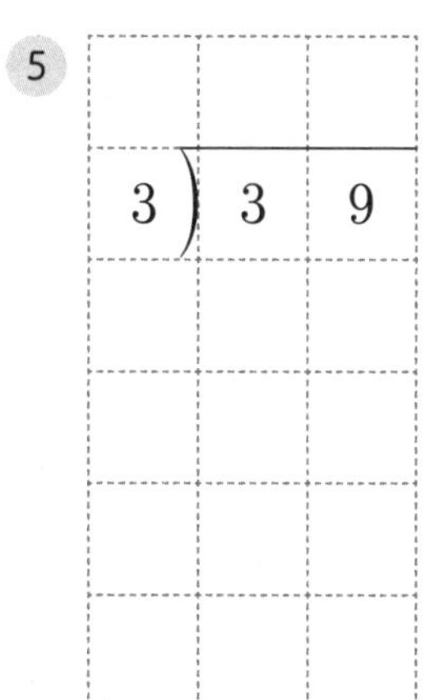

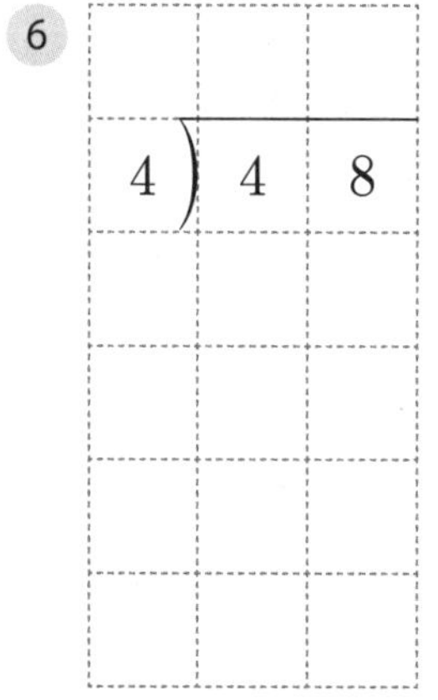

도전해 보세요

1 몫이 다른 하나를 찾아 ○표 하세요.

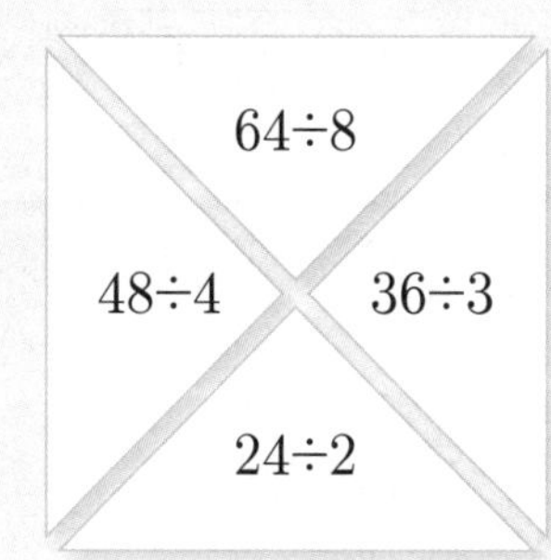

2 몫을 찾아 ○표 하세요.

(1)
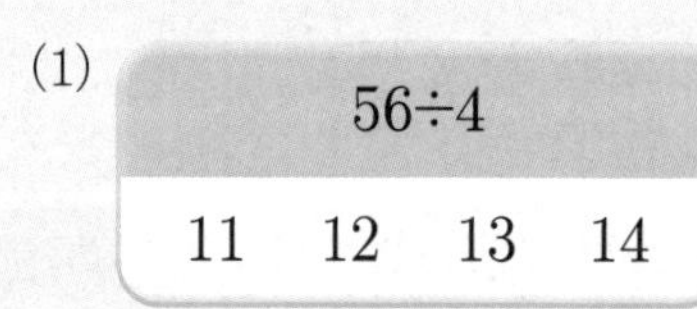

(2)
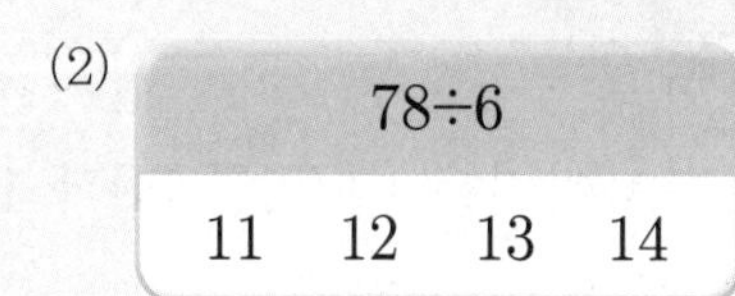

내림이 있고 나머지가 없는 (몇십몇)÷(몇)

개념연결

3-1나눗셈	3-2나눗셈	(몇십몇)÷(몇)	4-1곱셈과 나눗셈
몫 구하기	(몇십몇)÷(몇)	42÷3=14	두 자리 수로 나누기
45÷5=9	36÷3=12		490÷70=7

배운 것을 기억해 볼까요?

1 (1) $28 \div 4=$

(2) $42 \div 6=$

2

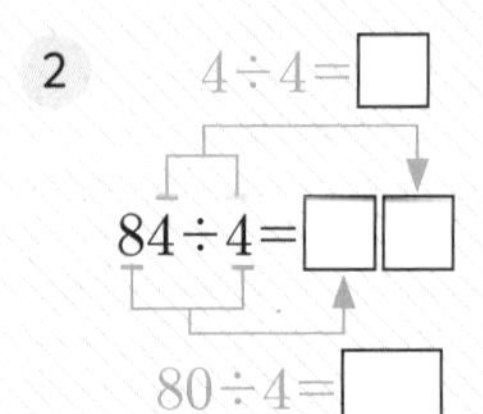

3 $2 \overline{) 6 \; 8}$

내림이 있고 나머지가 없는 (몇십몇)÷(몇)을 할 수 있어요.

30초 개념

내림이 있는 나눗셈은 나눗셈식을 세로로 써서 해결해요.
십의 자리에서 남은 수를 일의 자리 수와 더하여 나눗셈을 해요.

75÷3의 계산 방법

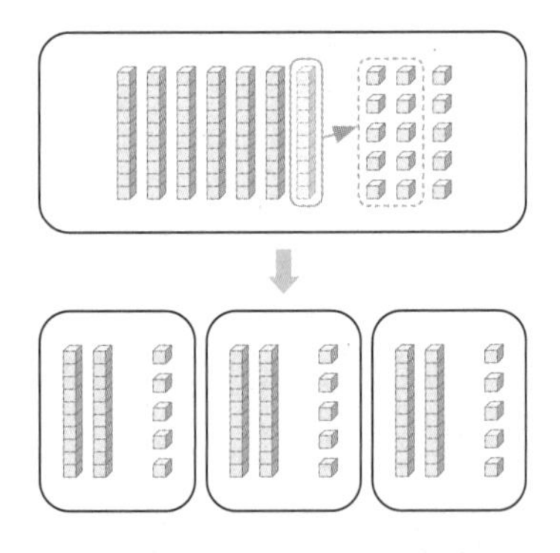

① 십의 자리 계산

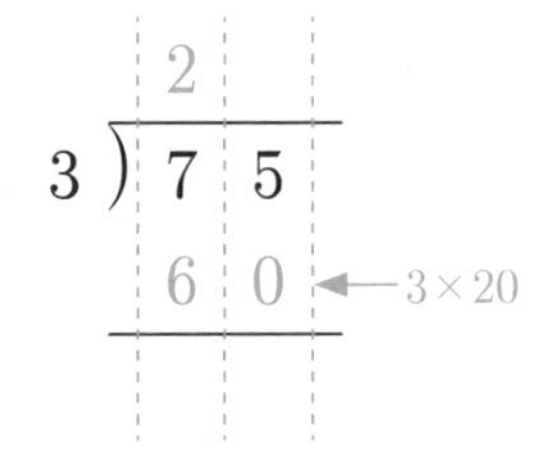

② 일의 자리 계산

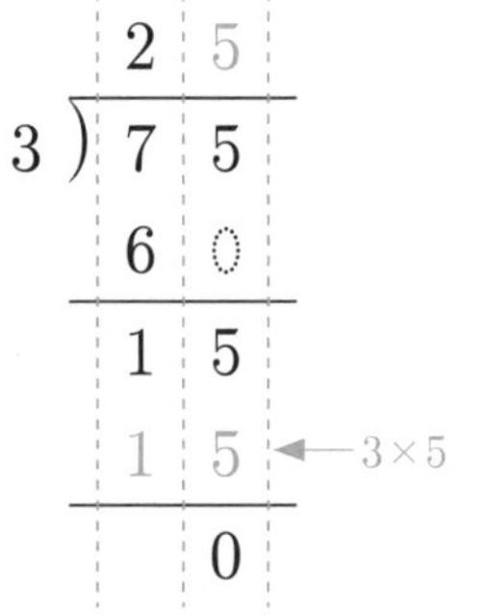

이런 방법도 있어요!

75÷3에서 나누어지는 수 75를 60과 15로 나누어 계산할 수 있어요.

75 < 60÷3=20, 15÷3=5

→ 20+5=25

계산해 보세요.

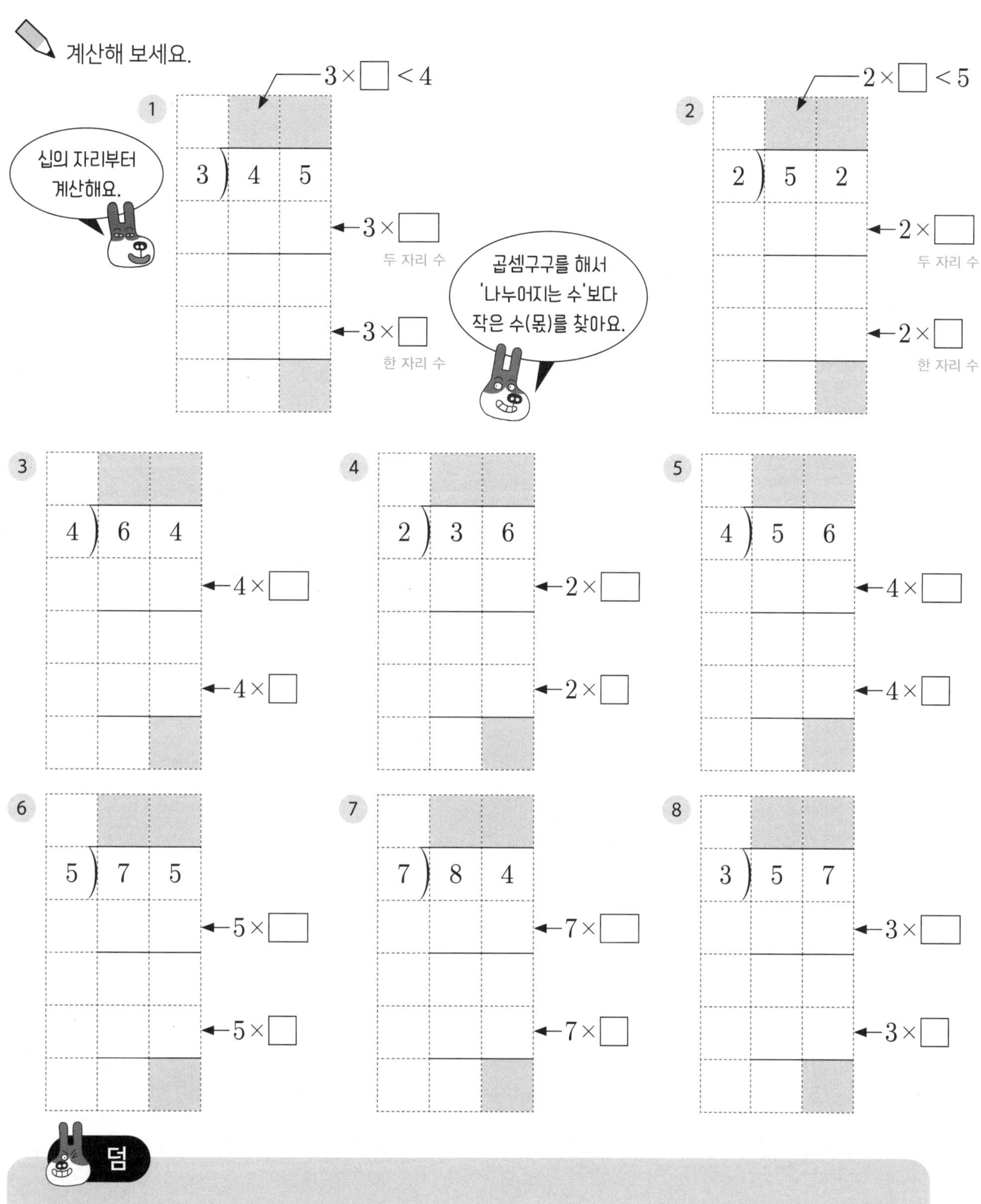

덤

내림이 있는 나눗셈에서 몫을 구할 때 곱셈구구를 해서 나올 수 있는 수 중 가장 큰 수를 구해요.

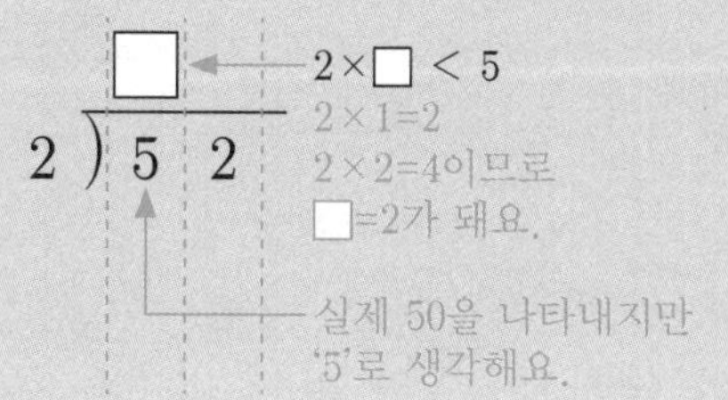

개념 다지기

계산해 보세요.

1. $5\overline{)65}$

2. $2\overline{)38}$

3. $8\overline{)96}$

4. $\begin{array}{r} 65 \\ +\ 48 \\ \hline \end{array}$

5. $4\overline{)72}$

6. $6\overline{)72}$

7. $5\overline{)85}$

8. $3\overline{)57}$

9. $\begin{array}{r} 54 \\ \times\ \ 7 \\ \hline \end{array}$

10. $4\overline{)52}$

11. $6\overline{)78}$

12. $3\overline{)42}$

 계산해 보세요.

1 $87 \div 3$

2 $92 \div 4$

3 $51 \div 3$

4 $68 \div 4$

5 $72 \div 3$

6 46×5

7 $64 \div 4$

8 $91 \div 7$

9 $87 \div 3$

10 $54 \div 3$

11 $84 \div 6$

12 26×17

문제를 해결해 보세요.

1 복숭아 75개를 접시 하나에 5개씩 나누어 담으려고 합니다.
필요한 접시는 모두 몇 개인가요?

식 ________________ 답 ________________개

2 클립 30개를 한 명에게 2개씩 나누어 주려고 합니다.
몇 명에게 나누어 줄 수 있나요?

식 ________________ 답 ________________명

3 그림을 보고 물음에 답하세요.

(1) 어린이 84명이 롤러코스터를 모두 한 번씩 타려면 롤러코스터를
몇 회 운영해야 하나요?

식 ________________ 답 ________________회

(2) 어린이 32명이 범퍼카를 타려고 줄을 서 있습니다. 범퍼카는 몇 대 필요한가요?

식 ________________ 답 ________________대

(3) 한 시간 동안 자이로드롭을 이용한 어린이가 91명입니다.
이 놀이공원은 자이로드롭을 한 시간 동안 몇 회 운영했나요?

식 ________________ 답 ________________회

개념 다시보기

계산해 보세요.

1. $2 \overline{)38}$ ← 2×□, ← 2×□

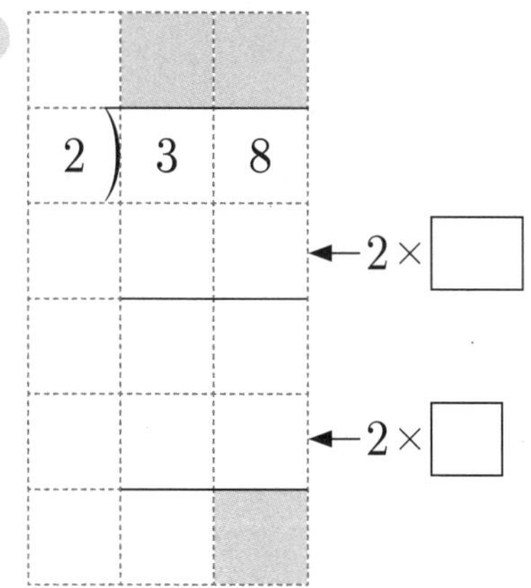

2. $7 \overline{)91}$ ← 7×□, ← 7×□

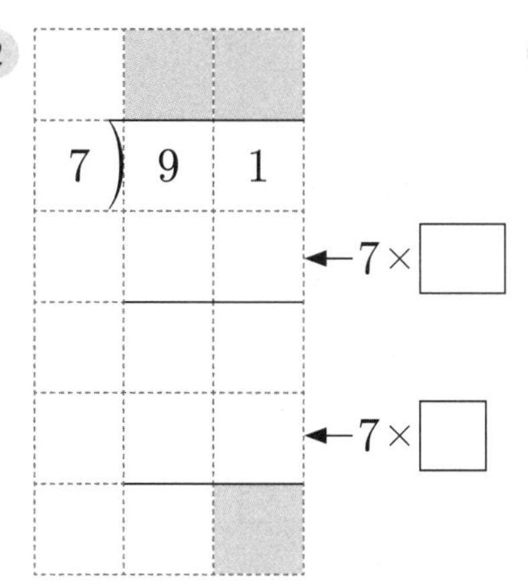

3. $5 \overline{)85}$ ← 5×□, ← 5×□

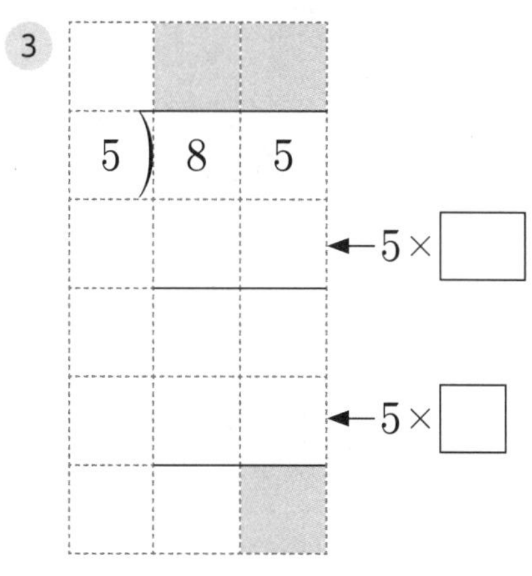

4. $4 \overline{)56}$

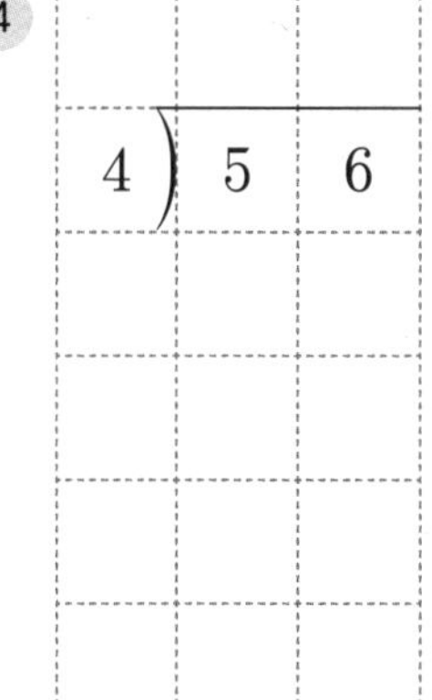

5. $3 \overline{)72}$

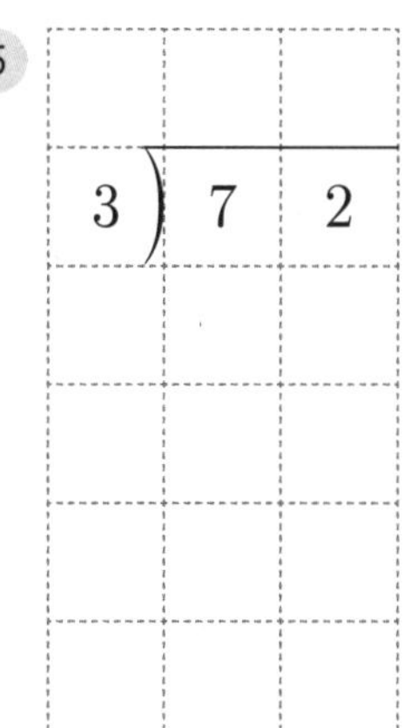

6. $8 \overline{)96}$

도전해 보세요

1. 몫이 같은 것끼리 선으로 이어 보세요.

96÷4 •   • 60÷5

84÷7 •   • 72÷3

• 78÷6

2. □ 안에 알맞은 수를 써넣으세요.

56	÷□	8
÷4		
□		

11단계 내림이 없고 나머지가 있는

(몇십몇)÷(몇)

개념연결

3-1나눗셈	3-2나눗셈		4-1곱셈과 나눗셈
몫 구하기	(몇십몇)÷(몇)	(몇십몇)÷(몇)	두 자리 수로 나누기
30÷5=[6]	57÷3=[19]	37÷5=[7]⋯[2]	157÷23=[6]⋯[19]

배운 것을 기억해 볼까요?

1 15−3−3−3−3−3=0

→ 15÷☐=☐

2 (1) 52÷4=

(2) 84÷7=

3 (1) $5\overline{)\,80}$ (2) $4\overline{)\,64}$

내림이 없고 나머지가 있는 (몇십몇)÷(몇)을 할 수 있어요.

30초 개념 남은 수가 나누는 수보다 작아 더 이상 나눌 수 없을 때, 이 수를 '나머지'라고 해요. 나머지는 나누는 수보다 작아요.

23÷4의 계산 방법

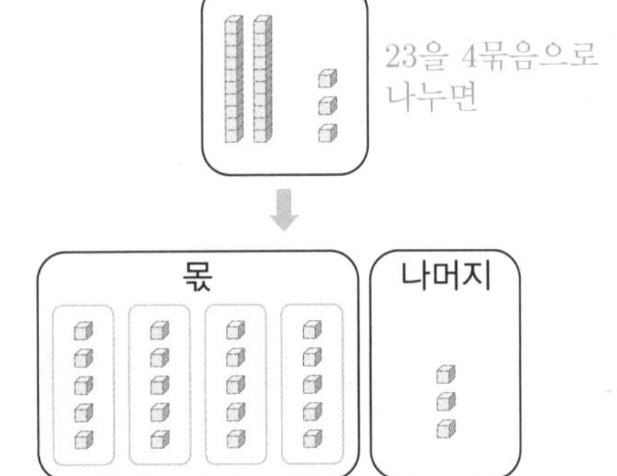

5씩 4묶음이고 3개가 남아요.

① 십의 자리 계산

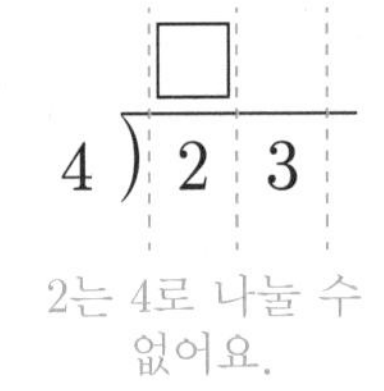

2는 4로 나눌 수 없어요.

② 일의 자리 계산

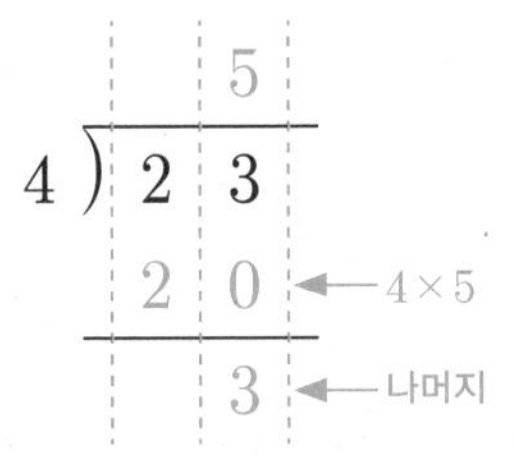

이런 방법도 있어요!

나머지가 있는 나눗셈식을 가로로 23÷4=5⋯3과 같이 나타내요.

(23: 나누어지는 수, 4: 나누는 수, 5: 몫, 3: 나머지)

계산해 보세요.

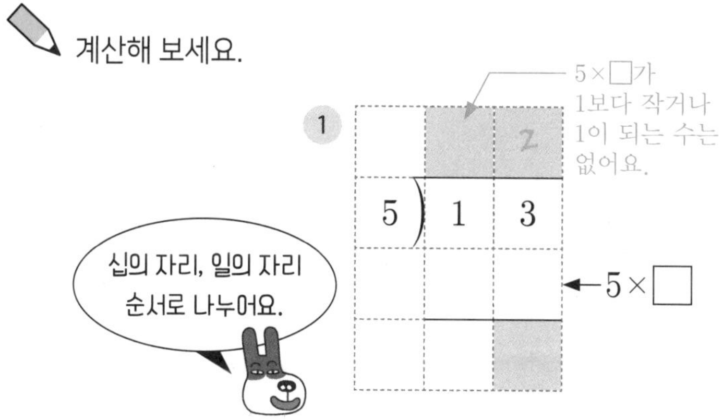

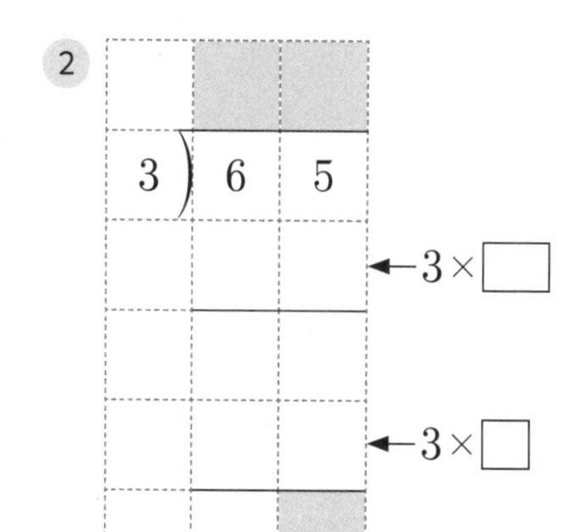

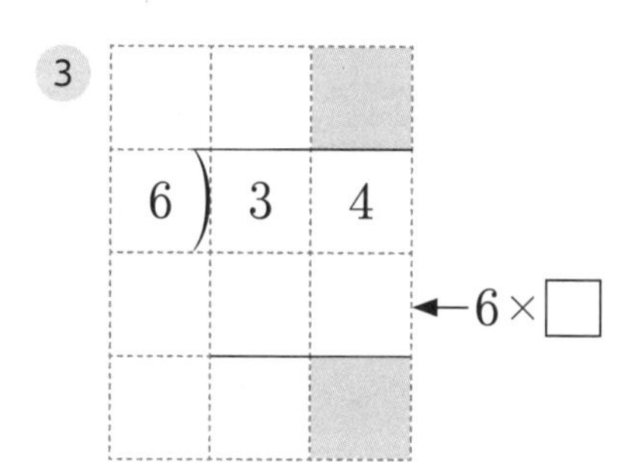

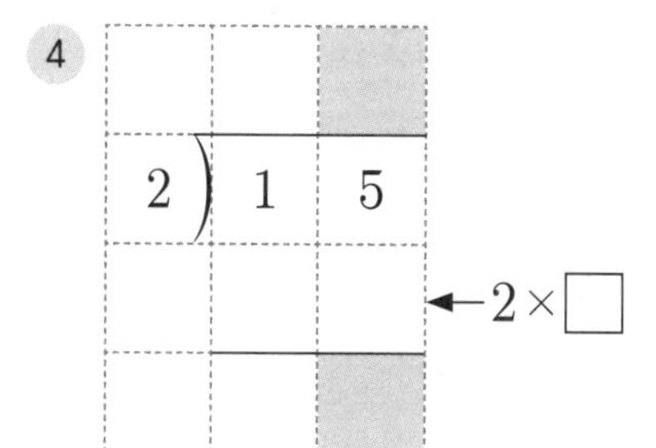

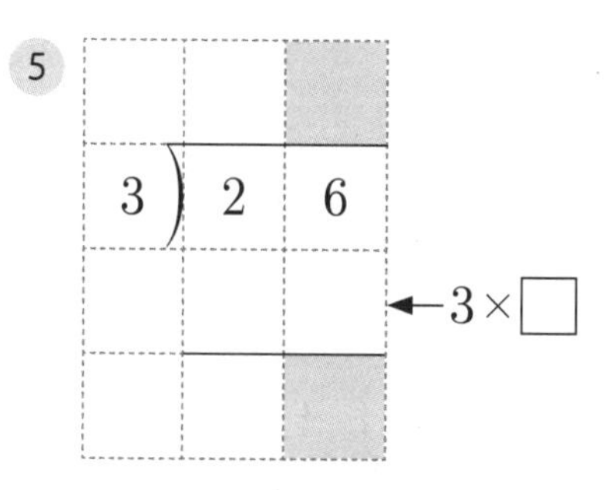

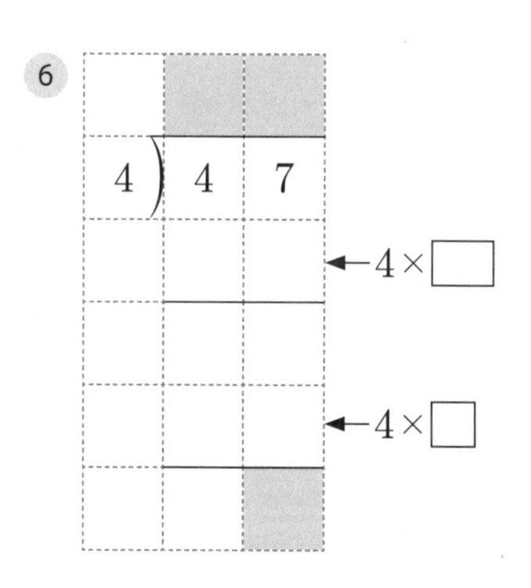

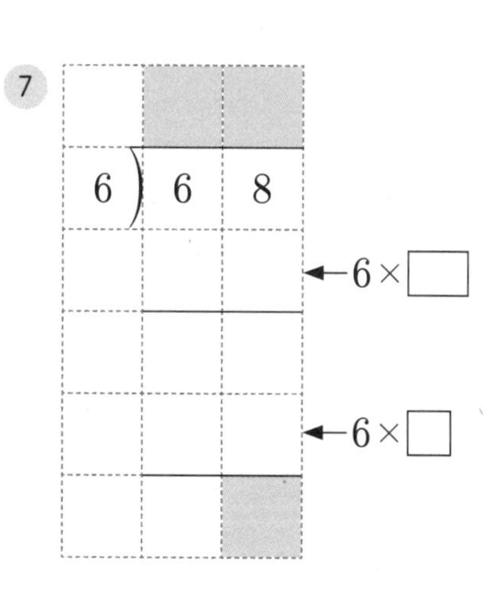

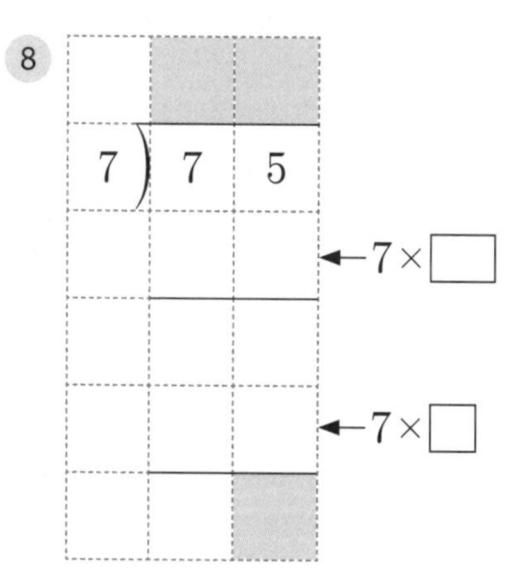

덤

일의 자리에 남은 나머지가 나누는 수보다 작으면 더 이상 나눌 수가 없어요.

$$
\begin{array}{r}
2 \\
5\,\overline{)\,1\;3} \\
1\;0 \\
\hline
3
\end{array}
$$

나누는 수 → 5

1 0 ← 5×2

나머지 → 3 ← 나머지는 나누는 수보다 작아야 해요.

개념 다지기

계산해 보세요.

1. 3) 1 4

2. 5) 3 2

3. 2) 4 7

4. 3) 6 2

5. 4) 4 5

6. 3) 9 4

7. $\begin{array}{r} 42 \\ \times \quad 7 \\ \hline \end{array}$

8. 5) 5 8

9. 2) 6 9

10. 4) 2 6

11. $\begin{array}{r} 5 \\ \times \quad 38 \\ \hline \end{array}$

12. 8) 8 7

계산해 보세요.

1 17÷5

2 25÷3

3 62÷6

4 74÷7

5 38÷5

6 52÷9

7 23×6

8 29÷4

9 87÷4

10 65×7

11 50÷8

12 91÷3

문제를 해결해 보세요.

1 구슬이 65개 있습니다. 7명이 똑같이 나누어 가지면
한 명이 구슬을 최대 몇 개씩 가질 수 있고, 몇 개가 남나요?

식__________ **답**__________개, __________개

2 탁구공 15개를 한 모둠에 4개씩 똑같이 나누어 주려고 합니다.
몇 모둠에게 나누어 줄 수 있고, 몇 개가 남나요?

식__________ **답**__________모둠, __________개

3 그림을 보고 물음에 답하세요.

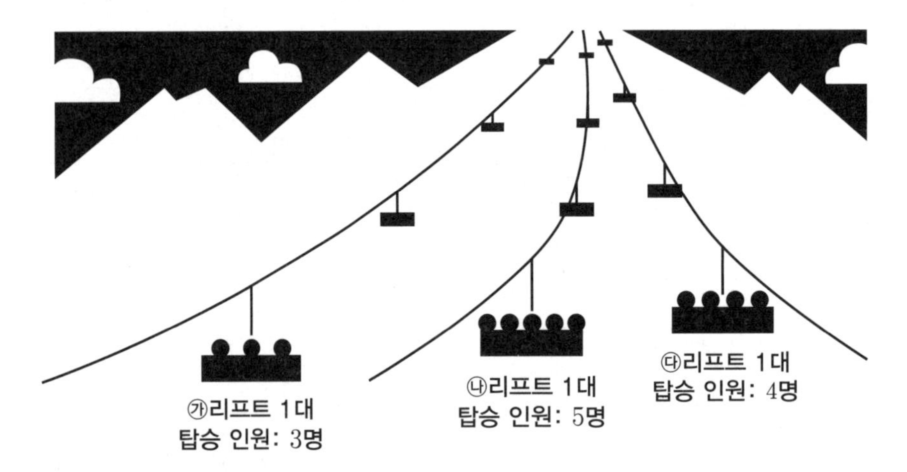

(1) ㉮리프트에 어린이 65명이 타려면 리프트가 몇 대 필요한가요?

식__________ **답**__________대

(2) ㉯리프트에 어린이 73명이 타려면 리프트가 몇 대 필요한가요?

식__________ **답**__________대

(3) ㉰리프트 15대에 어린이 59명이 4명씩 차례대로 탔습니다.
4명씩 타지 못한 어린이는 몇 명인가요?

식__________ **답**__________명

개념 다시보기

계산해 보세요.

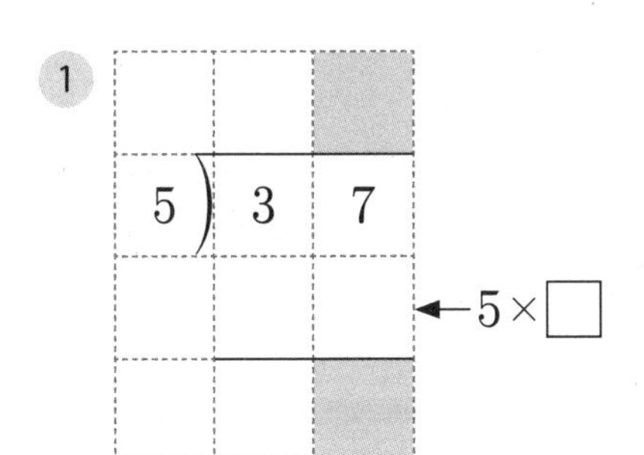

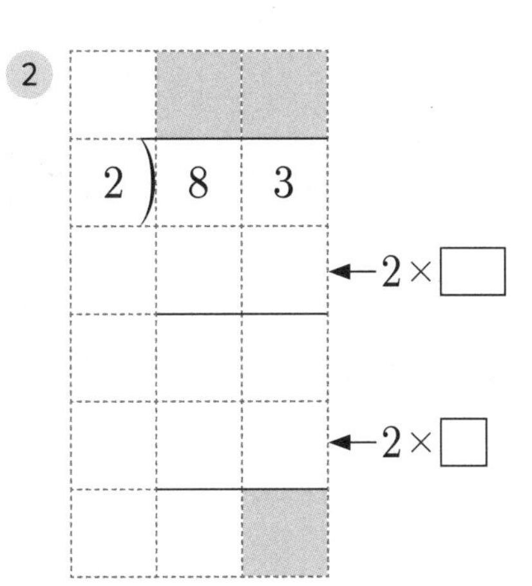

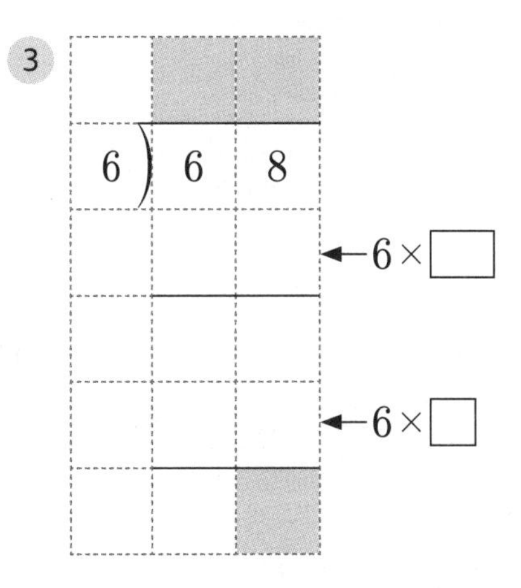

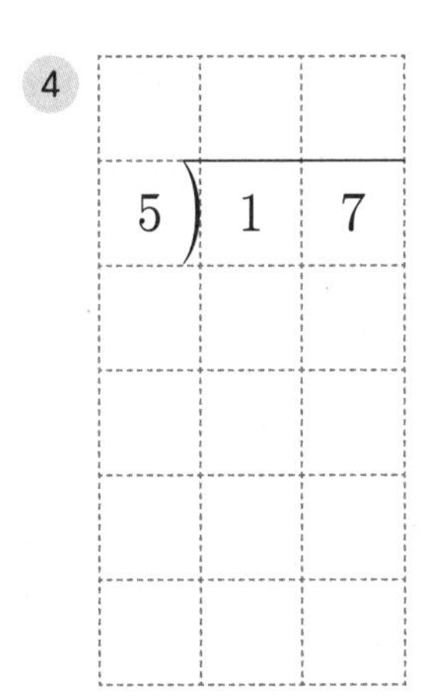

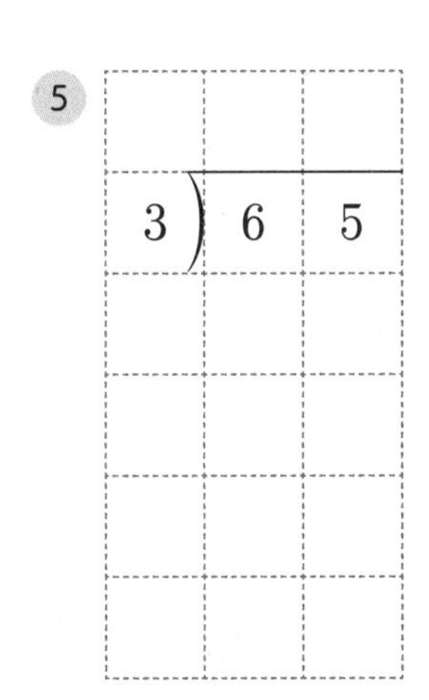

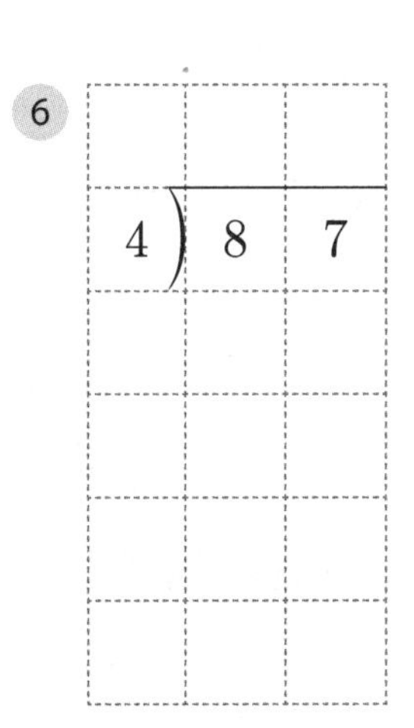

도전해 보세요

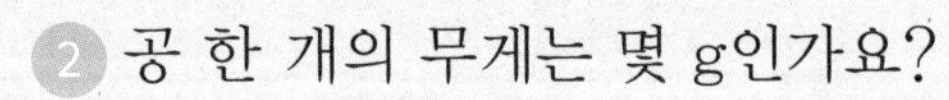

1 수 카드를 한 번씩만 사용하여 식을 완성해 보세요.

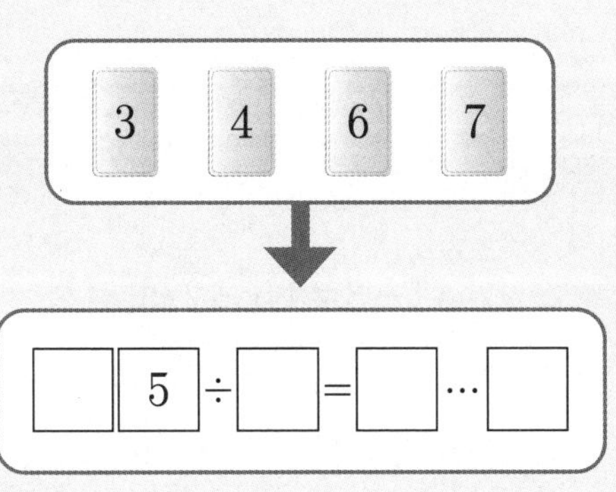

2 공 한 개의 무게는 몇 g인가요?

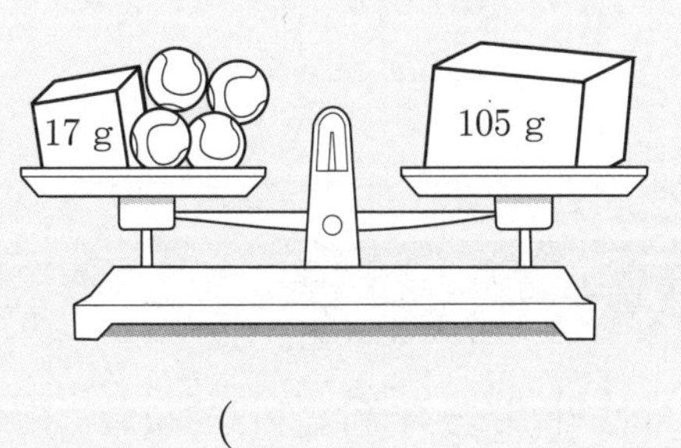

( )g

12단계 내림이 있고 나머지가 있는
(몇십몇)÷(몇)

개념연결

3-1나눗셈	3-2나눗셈		4-1곱셈과 나눗셈
몫 구하기	(몇십몇)÷(몇)	(몇십몇)÷(몇)	두 자리 수로 나누기
28÷4=[7]	17÷5=[3]···[2]	88÷3=[29]···[1]	407÷36=[11]···[10]

배운 것을 기억해 볼까요?

1 (1) 20÷□=4
(2) 20÷□=5

2 5)32

3 (1) 46÷8=□···□
(2) 46÷7=□···□

내림이 있고 나머지가 있는 (몇십몇)÷(몇)을 할 수 있어요.

30초 개념 나머지가 있는 나눗셈의 계산 결과가 맞는지 알아보려면
나누는 수와 몫의 곱에 나머지를 더해서 확인해요.

47÷3의 계산 방법

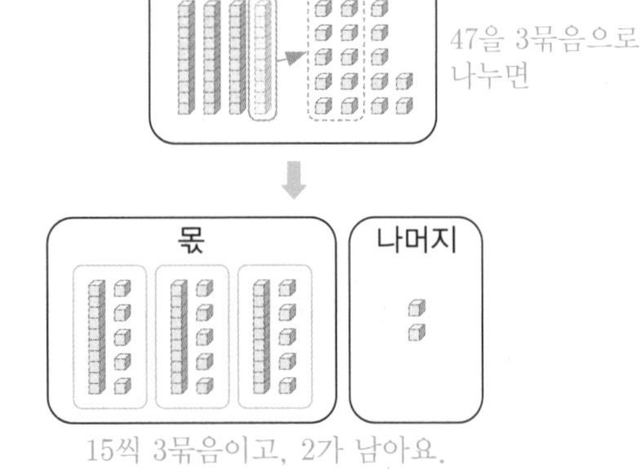

15씩 3묶음이고, 2가 남아요.

① 십의 자리 계산

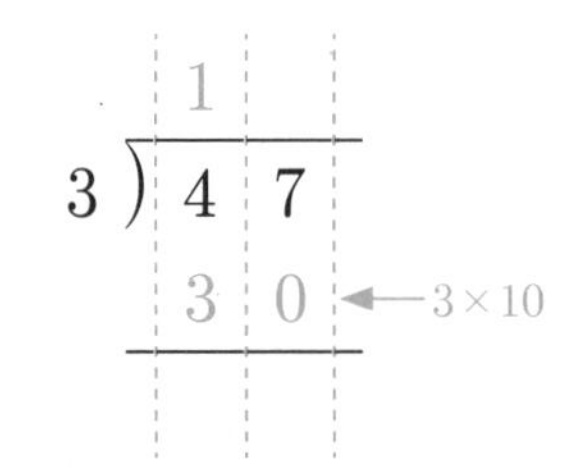

② 일의 자리 계산

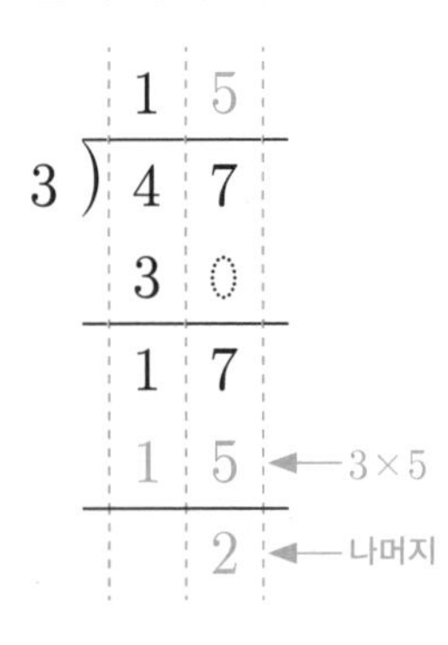

이런 방법도 있어요!

계산이 맞는지 확인하는 것을 검산이라고 해요.

47÷3=15···2의 검산 (나누어지는 수: 47, 나누는 수: 3, 몫: 15, 나머지: 2)

3×15=45 ➡ 45+2=47
(나누는 수 × 몫 = 45 ➡ 45 + 나머지 = 나누어지는 수)

 계산해 보세요.

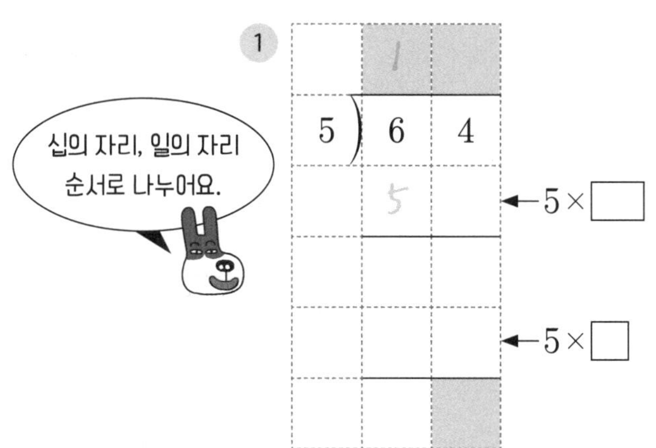

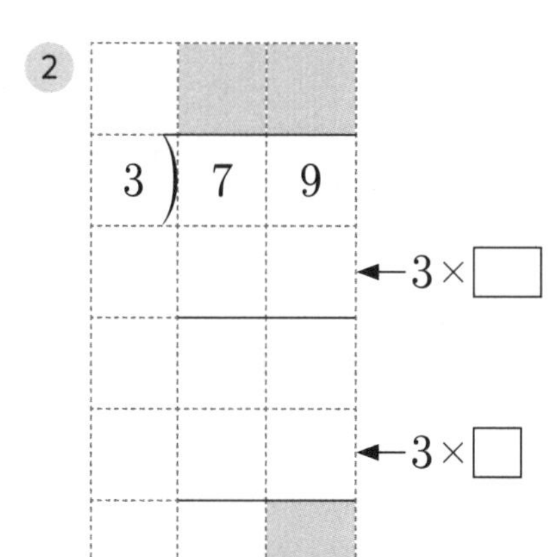

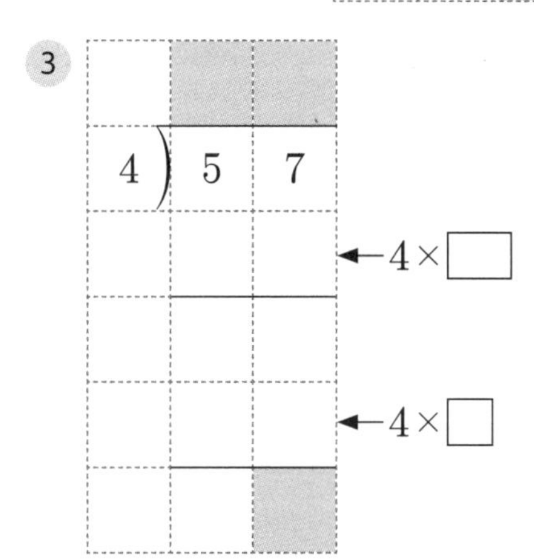

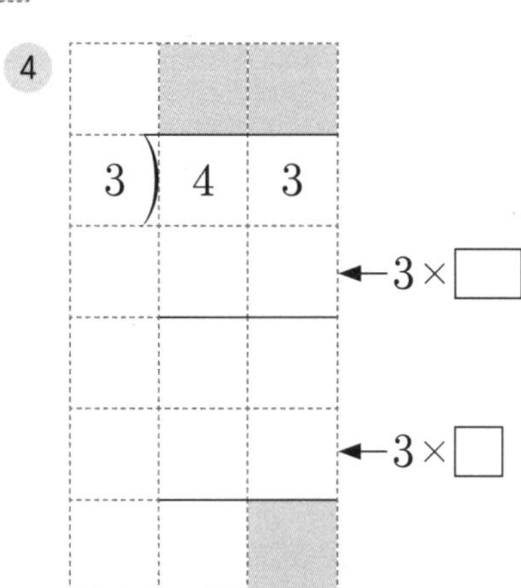

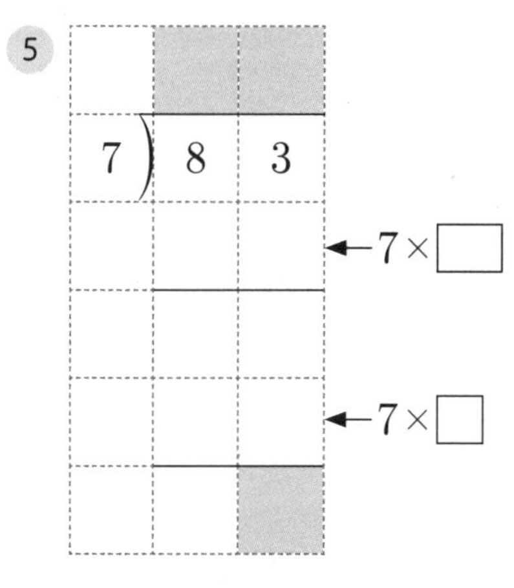

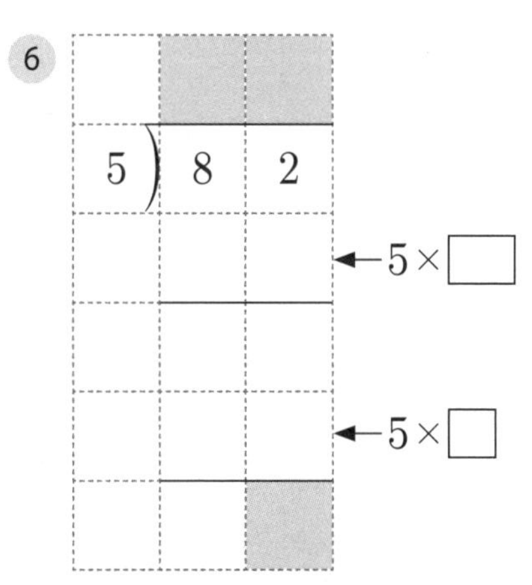

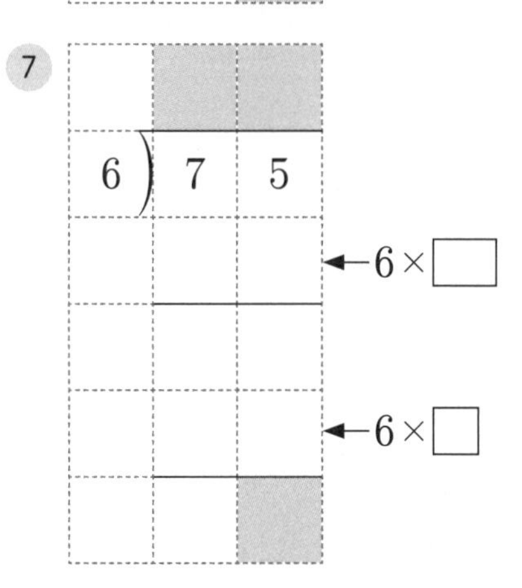

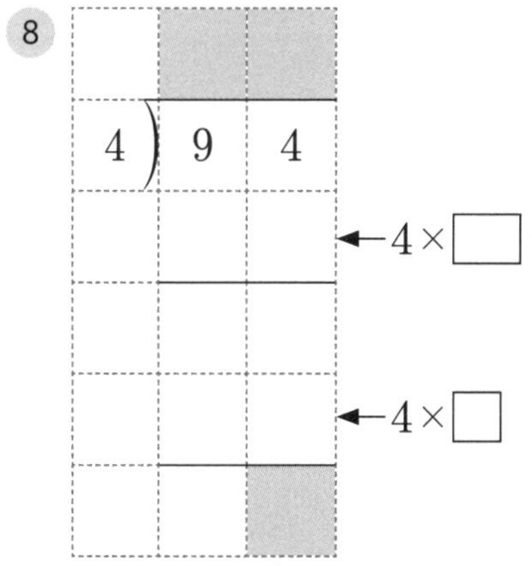

나머지가 나누는 수보다 크면 안 돼요.

$$\begin{array}{r} 10 \\ 5\overline{)64} \\ 5 \\ \hline 14 \end{array}$$

(10 ← 몫, 나누는 수 → 5, 14 ← 나머지)

$64 \div 5 = 10 \cdots 14$

나누는 수가 5이고
나머지가 14이므로
잘못된 나눗셈이에요.

개념 다지기

계산해 보세요.

1. $4\overline{)62}$

2. $5\overline{)73}$

3. $3\overline{)55}$

4. $\begin{array}{r} 26 \\ \times \quad 5 \\ \hline \end{array}$

5. $6\overline{)82}$

6. $9\overline{)87}$

7. $5\overline{)74}$

8. $2\overline{)93}$

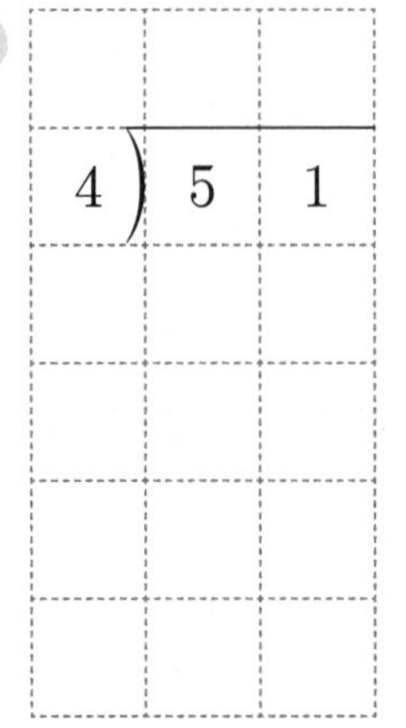

9. $4\overline{)51}$

10. $7\overline{)80}$

11. $3\overline{)47}$

12. $6\overline{)92}$

계산해 보세요.

1 $59 \div 4$

2 $62 \div 5$

3 3×47

4 $95 \div 6$

5 $51 \div 2$

6 $83 \div 6$

7 $18 \div 7$

8 $77 \div 5$

9 $49 \div 3$

10 $83 \div 3$

11 $82 \div 6$

12 $90 \div 4$

문제를 해결해 보세요.

1 붙임딱지가 64장 있습니다. 한 명에게 5장씩 나누어 주면
모두 몇 명에게 나누어 줄 수 있고, 몇 장이 남나요?

식________________ **답**__________명, __________장

2 사탕 82개를 6봉지에 똑같이 나누어 담으려고 합니다.
한 봉지에 몇 개씩 담을 수 있고, 몇 개가 남나요?

식________________ **답**__________개, __________개

3 그림을 보고 물음에 답하세요.

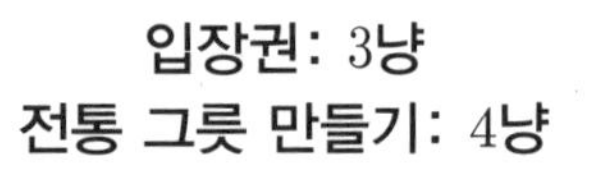

식사 메뉴	장터 국밥: 7냥
	파전: 8냥

(1) 50냥으로 3냥인 입장권을 몇 장 살 수 있나요?

식________________ **답**____________장

(2) 장터 국밥을 먹은 후 90냥을 내고 6냥을 거슬러 받았으면 장터 국밥을
모두 몇 그릇 먹은 것인가요?

식________________________ **답**____________그릇

(3) 전통 그릇 만들기 체험에 참여하기 위해 70냥을 냈습니다.
모두 몇 명이 참여할 수 있나요? 또 몇 냥이 남나요?

식________________ **답**__________명, __________냥

개념 다시보기

계산해 보세요.

1 $5\overline{)74}$ ←5×□ ←5×□

2
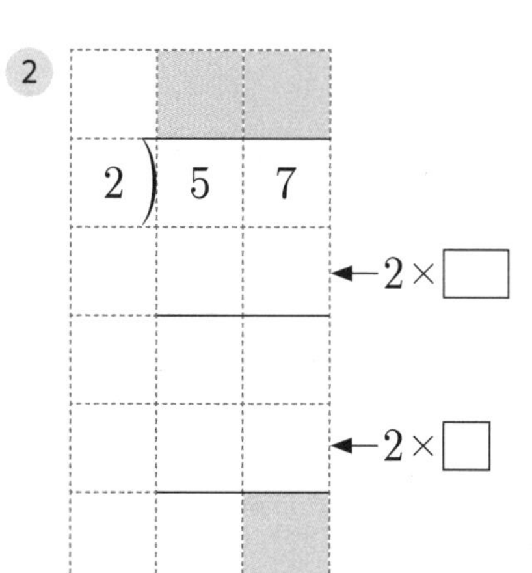

3
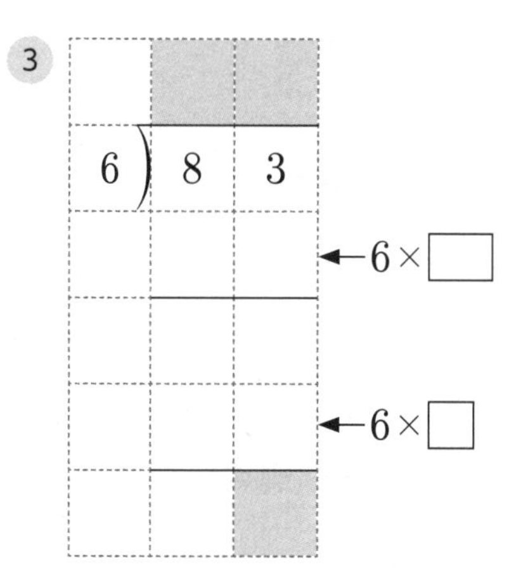

4 $4\overline{)63}$

5
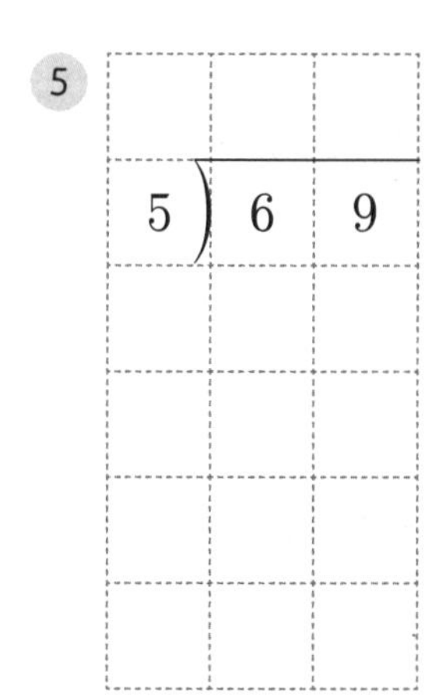

6
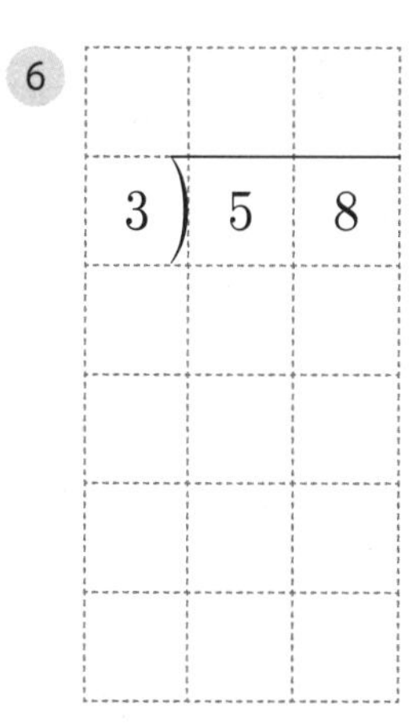

도전해 보세요

1 어떤 수를 5로 나누어야 할 것을 잘못하여 곱했더니 90이 되었습니다. 바르게 계산한 몫과 나머지는 얼마인가요?

몫( )

나머지( )

2 나머지가 다른 식에 ◯표 하세요.

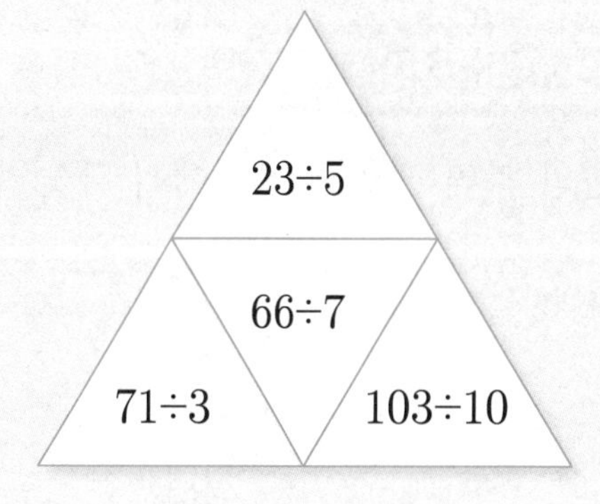

나머지가 없는

13단계 (세 자리 수)÷(한 자리 수)

개념연결

3-1나눗셈	3-2나눗셈		4-1곱셈과 나눗셈
몫 구하기	(두 자리 수)÷(한 자리 수)	(세 자리 수)÷(한 자리 수)	두 자리 수로 나누기
27÷3=9	45÷3=15	270÷6=45	923÷27=34…5

배운 것을 기억해 볼까요?

1 $38 \div 2 =$

2 $48 \div 4 =$

3 $3\overline{)54}$

나머지가 없는 (세 자리 수)÷(한 자리 수)를 할 수 있어요.

30초 개념 (세 자리 수)÷(한 자리 수)는 나누어지는 수가 세 자리 수이므로 백의 자리부터 계산해요. 백의 자리에서 나누지 못할 경우 십의 자리부터 계산해요.

420÷3의 계산 방법

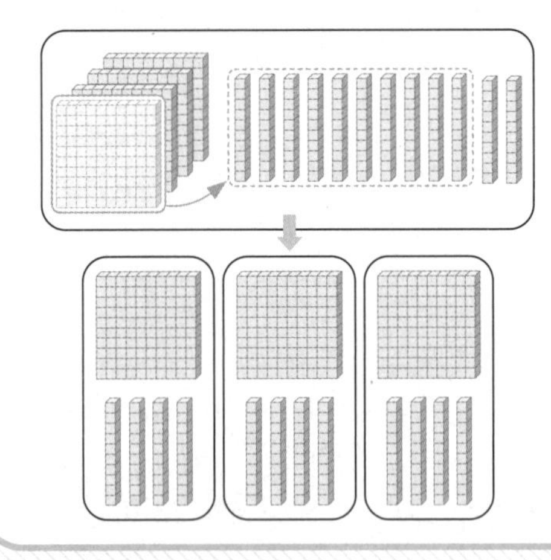

① 백의 자리 계산

$$\begin{array}{r} 1 \\ 3\overline{)420} \\ 300 \end{array} \leftarrow 3\times100$$

② 십의 자리 계산

$$\begin{array}{r} 140 \\ 3\overline{)420} \\ 3 \\ \hline 12 \\ 120 \\ \hline 0 \end{array} \quad 120 \leftarrow 3\times40$$

이런 방법도 있어요!

십의 자리나 일의 자리에서 나눌 수 없는 경우 몫의 자리에 0을 써요.

$$\begin{array}{r} 20 \\ 4\overline{)824} \\ 8 \\ \hline 24 \end{array}$$

- 20 ← 십의 자리 수 2는 4보다 작으므로 몫에 0을 써요.
- 24 ← 일의 자리 나눗셈을 위해 일의 자리 수를 내려 써요.

계산해 보세요.

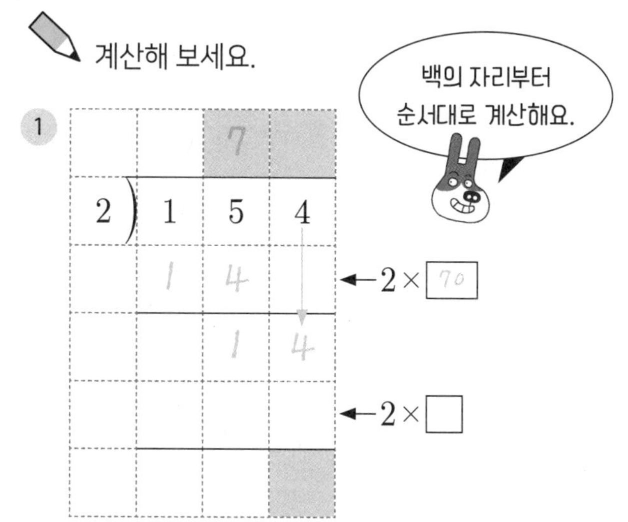

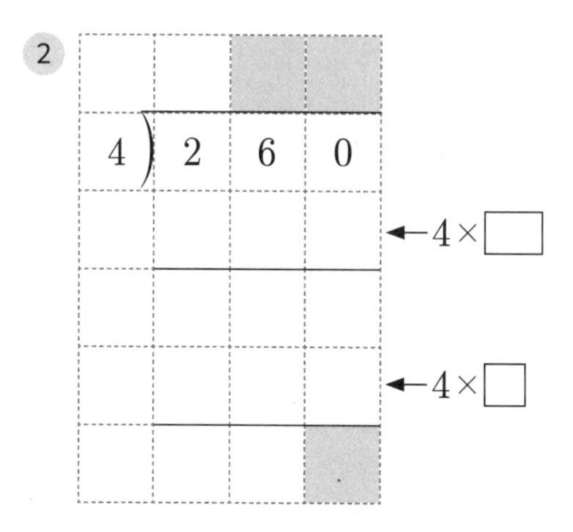

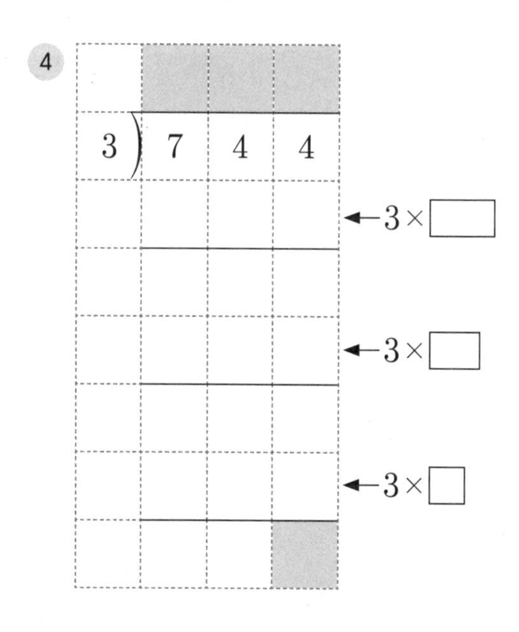

3) 528: ←3× 100, ←3× 70, ←3×

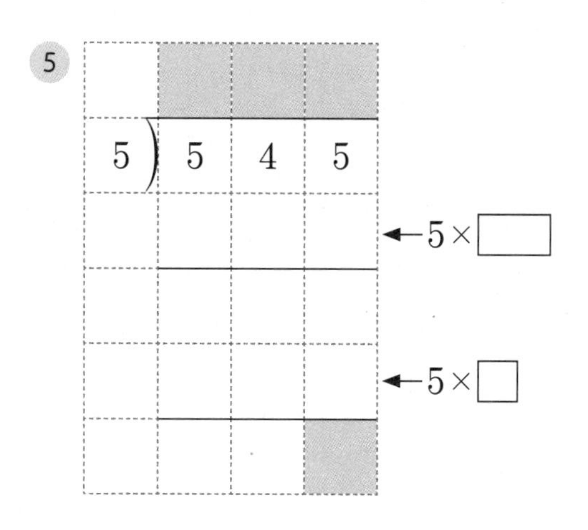

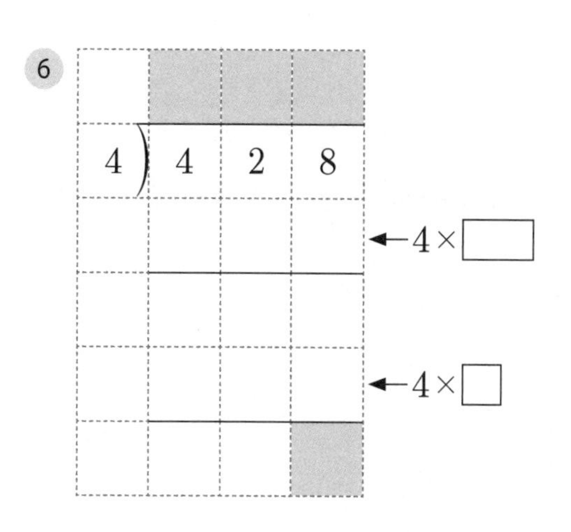

개념 다지기

계산해 보세요.

1. $2\overline{)168}$

2. $8\overline{)456}$

3. $4\overline{)348}$

4. $\begin{array}{r} 4 \\ \times\ 725 \\ \hline \end{array}$

5. $5\overline{)750}$

6. $6\overline{)612}$

7. $7\overline{)707}$

8. $4\overline{)620}$

9. $\begin{array}{r} 37 \\ \times\ 64 \\ \hline \end{array}$

계산해 보세요.

1 525÷7

2 592÷8

3 320÷5

4 824÷4

5 624÷3

6 529×7

7 680÷5

8 532÷4

9 994÷7

문제를 해결해 보세요.

1 4가족이 밤 줍기 행사에 가서 밤을 모두 348개 주웠습니다.
이 밤을 4가족이 똑같이 나누면 한 가족이 밤을 몇 개씩 가져갈 수 있나요?

식 ______________ 답 ______________개

2 이벤트 상품으로 파는 라면 5봉지의 무게는 625 g입니다.
라면 한 봉지의 무게는 몇 g인가요?

식 ______________ 답 ______________ g

3 그림을 보고 물음에 답하세요.

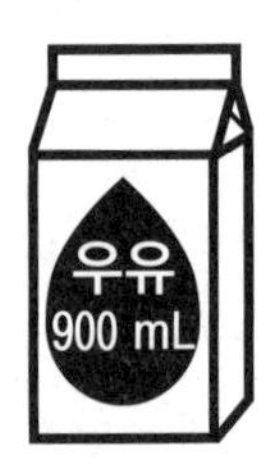

(1) 우유 한 갑을 컵 4개에 똑같이 나누어 따랐습니다.
우유 한 컵의 양은 몇 mL인가요?

식 ______________ 답 ______________ mL

(2) 생수 한 병을 5명이 똑같이 나누어 마셨습니다.
한 사람이 마신 생수는 몇 mL인가요?

식 ______________ 답 ______________ mL

(3) 사이다 한 캔을 유리컵 6개에 똑같이 나누어 따르려고 합니다.
유리컵 한 개에 몇 mL씩 따르면 되나요?

식 ______________ 답 ______________ mL

개념 다시보기

 계산해 보세요.

1. $3\overline{)129}$

2. 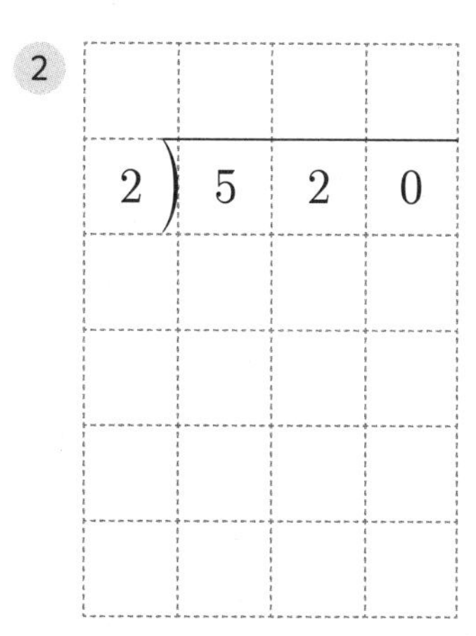
$2\overline{)520}$

3. 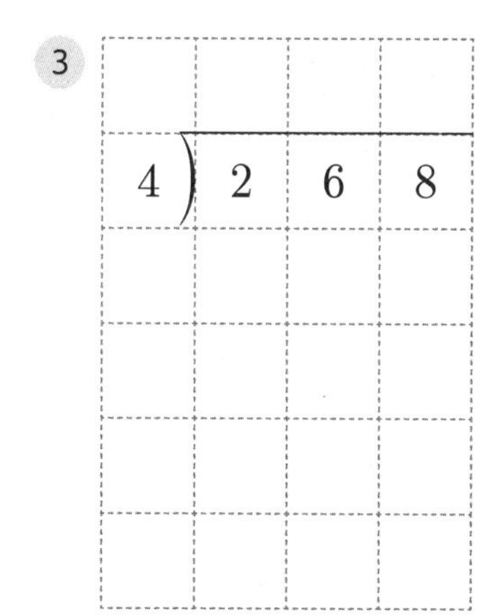
$4\overline{)268}$

4. $6\overline{)864}$

5. 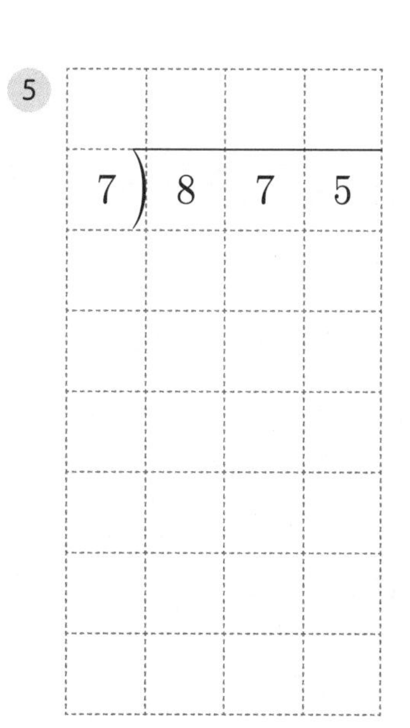
$7\overline{)875}$

6. 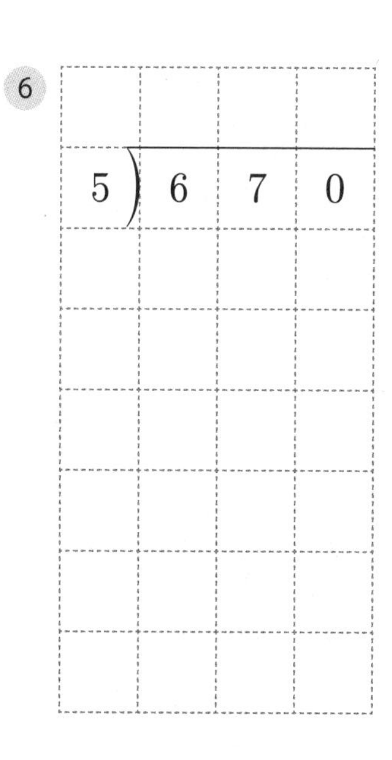
$5\overline{)670}$

도전해 보세요

1. □ 안에 알맞은 수를 써넣으세요.

82□÷□=206

2. 어떤 나눗셈식을 계산하고 계산 결과가 맞는지 확인하는 식입니다. 나눗셈식의 몫과 나머지는 얼마인가요?

$6\times12=72,\ 72+3=75$

몫:________ 나머지:________

나머지가 있는

14단계 (세 자리 수)÷(한 자리 수)

개념연결

3-1나눗셈	3-2나눗셈	3-2나눗셈	4-1곱셈과 나눗셈
몫 구하기	(세 자리 수)÷(한 자리 수)	(세 자리 수)÷(한 자리 수)	두 자리 수로 나누기
42÷7=[6]	855÷9=[95]	495÷6=[82]…[3]	528÷45=[11]…[33]

배운 것을 기억해 볼까요?

1 (1) 26÷5=□…□
(2) 48÷7=□…□

2 3)67

3 (1) 340÷5=
(2) 350÷5=

나머지가 있는 (세 자리 수)÷(한 자리 수)를 할 수 있어요.

30초 개념 (세 자리 수)÷(한 자리 수)의 계산은 (몇십몇)÷(몇)의 계산 방법과 같아요. 내림과 나머지가 있는 경우 빠트리지 않도록 주의해요.

315÷2의 계산 방법

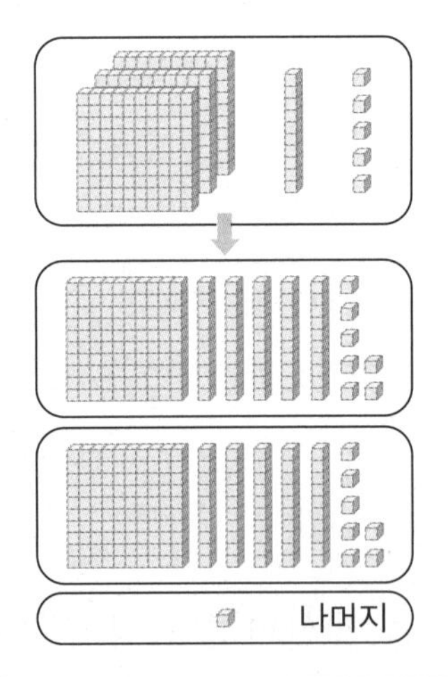

① 백의 자리 계산

```
    1
2)3 1 5
  2 0 0  ←2×100
  1
```

② 십의 자리 계산

```
    1 5
2)3 1 5
  2
  1 1
  1 0 0  ←2×50
    1
```

③ 일의 자리 계산

```
    1 5 7
2)3 1 5
  2
  1 1
  1 0
    1 5
    1 4  ←2×7
      1
```

➡ 315÷2=157…1 (몫 157, 나머지 1)

이런 방법도 있어요!

나누어지는 수를 한꺼번에 2번 내림하여 적을 수도 있어요.

```
    2 0
3)6 2 5
  6
    2 5
```

몫의 십의 자리에 0을 쓰면 나누어지는 수의 십의 자리와 일의 자리 숫자를 한꺼번에 내림하여 적어야 해요.

개념 익히기

계산해 보세요.

1

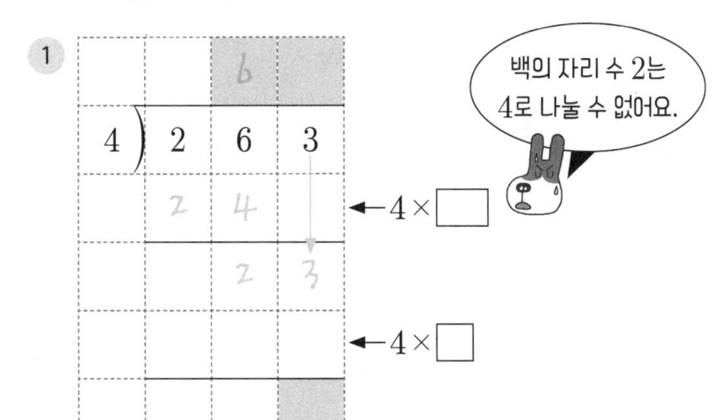

2

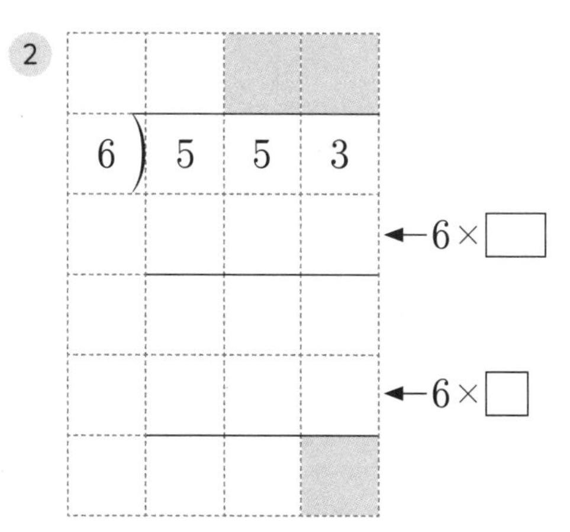

3

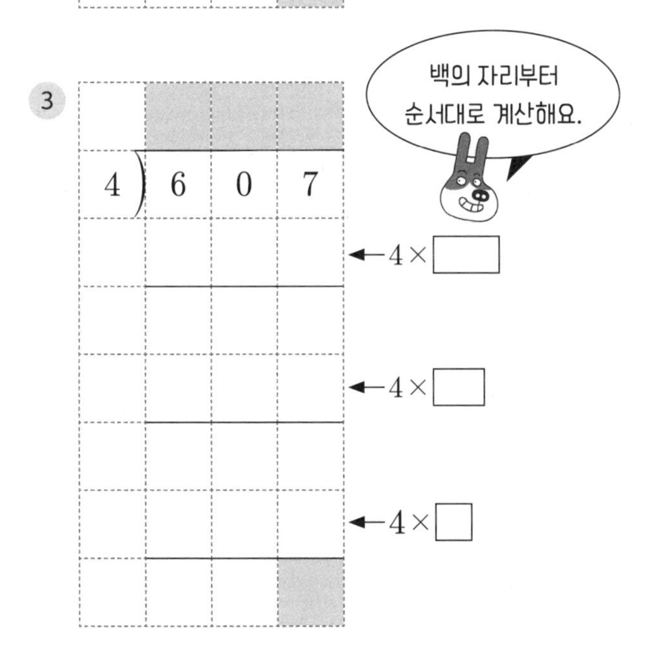

4

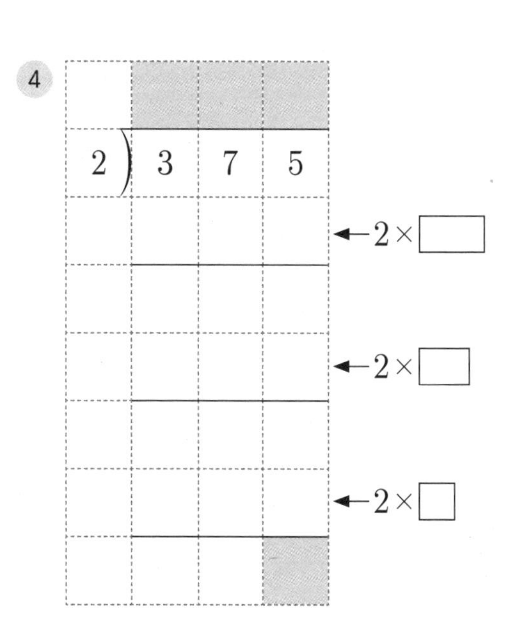

5

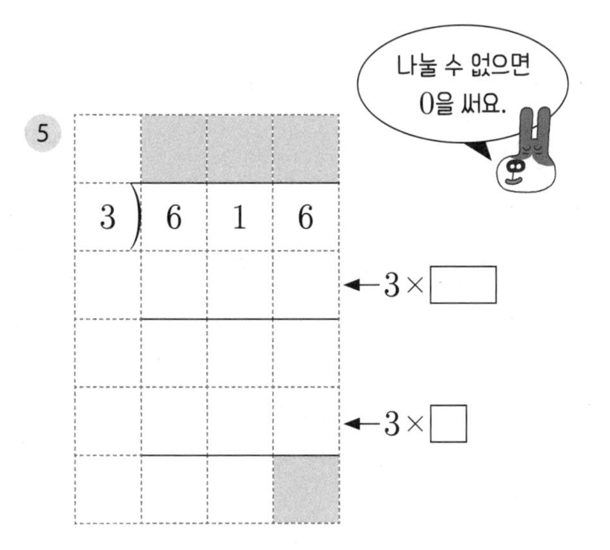

6

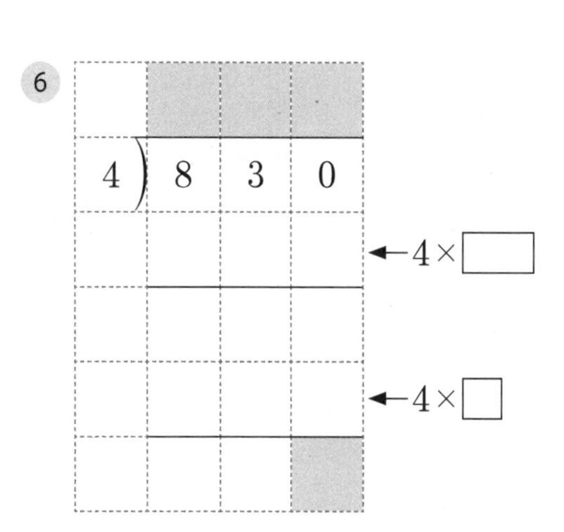

개념 다지기

계산해 보세요.

1. $3\overline{)290}$

2. $6\overline{)547}$

3. $7\overline{)376}$

4. $4\overline{)812}$

5. $6\overline{)609}$

6. $\begin{array}{r} 727 \\ +\ 658 \\ \hline \end{array}$

7. $3\overline{)584}$

8. $2\overline{)765}$

9. $8\overline{)889}$

계산해 보세요.

① $395 \div 4$

② $192 \div 5$

③ $529 \div 6$

④ $658 \div 8$

⑤ $362 \div 3$

⑥ 34×48

⑦ $729 \div 5$

⑧ $704 \div 7$

⑨ $999 \div 8$

문제를 해결해 보세요.

1 자두 300개를 한 상자에 8개씩 담아 포장하려고 합니다.
필요한 상자는 모두 몇 개인가요? 또 자두는 몇 개가 남나요?

식__________ 답________개, ________개

2 도화지 750장을 8학급에 똑같이 나누어 주려고 합니다.
한 학급에 몇 장씩 줄 수 있나요? 또 도화지는 몇 장이 남나요?

식__________ 답________장, ________장

3 야구공 500개를 상자에 담으려고 합니다. 그림을 보고 물음에 답하세요.

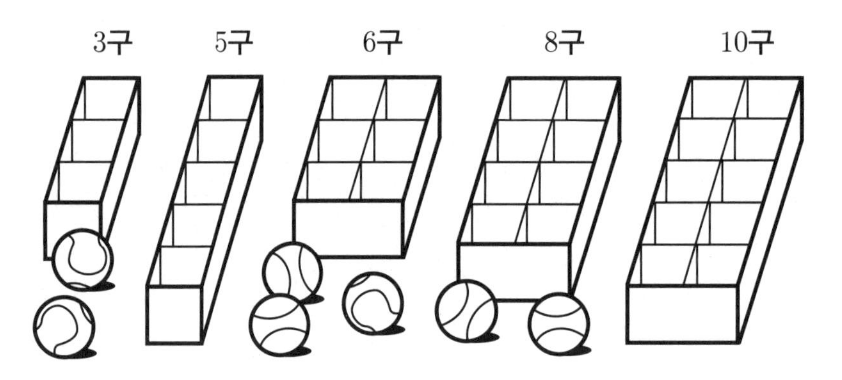

(1) 야구공 500개를 3구 상자에 담아 포장하려고 합니다.
포장하고 남는 야구공은 몇 개인가요?

식__________ 답________개

(2) 야구공 500개를 모두 나누어 담을 때 남는 야구공이 없는 상자는 어느 것인지 모두 고르세요.

( )

(3) 야구공 500개를 8구 상자에 가득 채워 나누어 담으려고 합니다.
필요한 상자는 모두 몇 개인가요? 또 야구공은 몇 개가 남나요?

식__________ 답________개, ________개

개념 다시보기

계산해 보세요.

1 $6\overline{)374}$

2 $8\overline{)409}$

3 $2\overline{)521}$

4 $5\overline{)529}$

5 $4\overline{)729}$

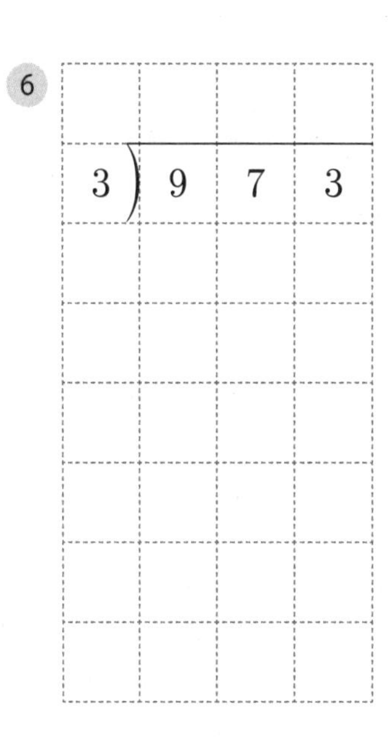

6 $3\overline{)973}$

도전해 보세요

1 어떤 수를 6으로 나누었더니 몫이 52이고, 나머지가 4였습니다. 어떤 수는 얼마인가요?

( )

2 □ 안에 알맞은 수를 써넣으세요.

630÷□=10□···□

15단계 분수만큼 알아보기

개념연결

3-1분수와 소수		3-2분수	4-2분수의 덧셈과 뺄셈
전체와 부분의 관계	분수 알아보기	대분수를 가분수로 나타내기	분수의 덧셈
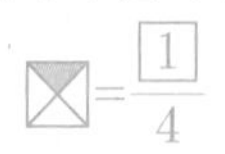 $=\frac{1}{4}$	12의 $\frac{3}{4}$은 9입니다	$2\frac{1}{3}=\frac{7}{3}$	$\frac{1}{4}+\frac{2}{4}=\frac{3}{4}$

배운 것을 기억해 볼까요?

1 (원 그림) $= \frac{\square}{\square}$

2 $\frac{5}{7}$는 $\frac{1}{7}$이 □개입니다.

분수만큼이 얼마인지 알 수 있어요.

30초 개념

전체의 '몇분의 몇'은 전체를 몇 묶음으로 묶은 것 중 몇을 나타내요.

전체의 $\frac{\triangle}{\square}$라면 전체를 똑같이 □로 묶고 그중 △묶음을 정하면 돼요.

12의 분수만큼 알아보기

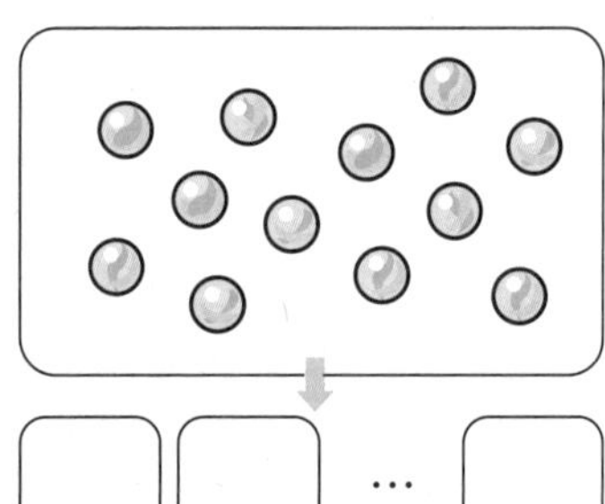

12의 $\frac{3}{4}$만큼 알아보기

① 12를 4묶음으로 똑같이 나눠요.

② 그중 3묶음은 9가 돼요.

12의 $\frac{2}{6}$만큼 알아보기

① 12를 6묶음으로 똑같이 나눠요.

② 그중 2묶음은 4가 돼요.

이런 방법도 있어요!

12의 $\frac{3}{4}$만큼은 12를 똑같이 4(분모)로 나눈 것 중 3(분자)을 뜻해요. 따라서 12÷4=3에 3을 곱해 구할 수도 있어요.

예 12의 $\frac{3}{4}$만큼 ➡ 12÷4=3, 3×3=9 ➡ 9

분모의 수만큼 묶어 보고 □ 안에 알맞은 수를 써넣으세요.

전체를 분모의 수만큼 똑같이 묶음으로 나눠요.

1

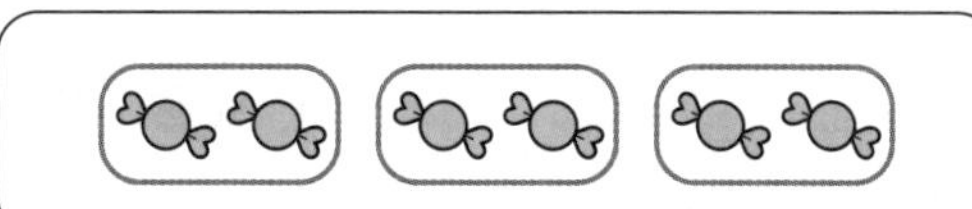

- 6의 $\frac{1}{3}$은 □입니다.
- 6의 $\frac{2}{3}$는 □입니다.

2

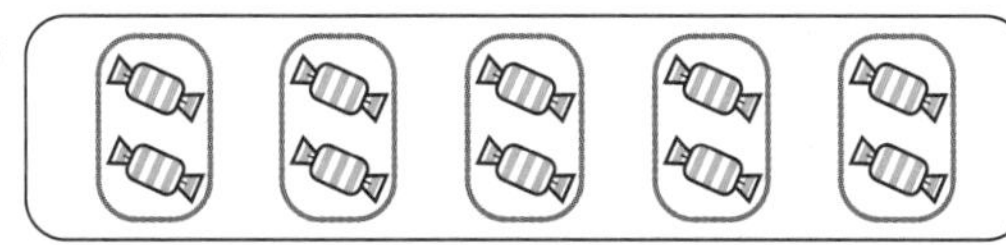

- 10의 $\frac{1}{5}$은 □입니다.
- 10의 $\frac{3}{5}$은 □입니다.

분모가 5이면 5묶음으로 나눠요.

3

- 12의 $\frac{1}{4}$은 □입니다.
- 12의 $\frac{4}{4}$는 □입니다.

4

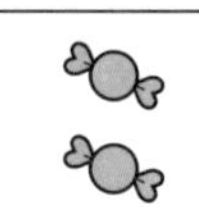
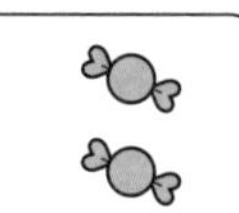

- 8의 $\frac{1}{4}$은 □입니다.
- 8의 $\frac{2}{4}$는 □입니다.

5

- 5의 $\frac{2}{5}$는 □입니다.
- 5의 $\frac{4}{5}$는 □입니다.

6

- 9의 $\frac{1}{3}$은 □입니다.
- 9의 $\frac{2}{3}$는 □입니다.

7

- 3의 $\frac{1}{3}$은 □입니다.
- 3의 $\frac{3}{3}$은 □입니다.

8

- 12의 $\frac{1}{6}$은 □입니다.
- 12의 $\frac{4}{6}$는 □입니다.

9

- 8의 $\frac{2}{8}$는 □입니다.
- 8의 $\frac{5}{8}$는 □입니다.

개념 다지기

 분모의 수만큼 묶어 보고 □ 안에 알맞은 수를 써넣으세요.

1

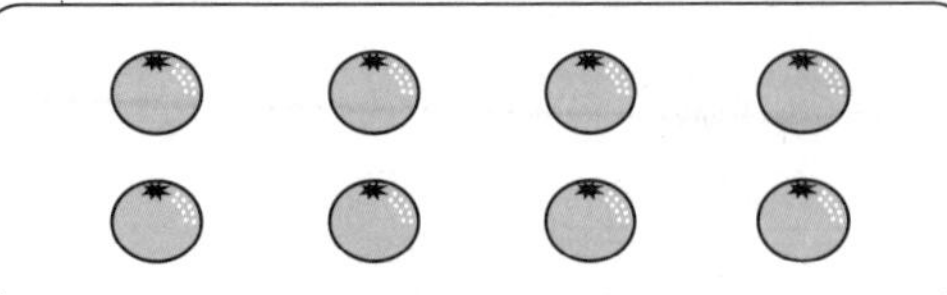

- 8의 $\frac{1}{2}$은 □입니다.
- 8의 $\frac{3}{8}$은 □입니다.

2

- 12의 $\frac{3}{4}$은 □입니다.
- 12의 $\frac{2}{3}$는 □입니다.

3, 4

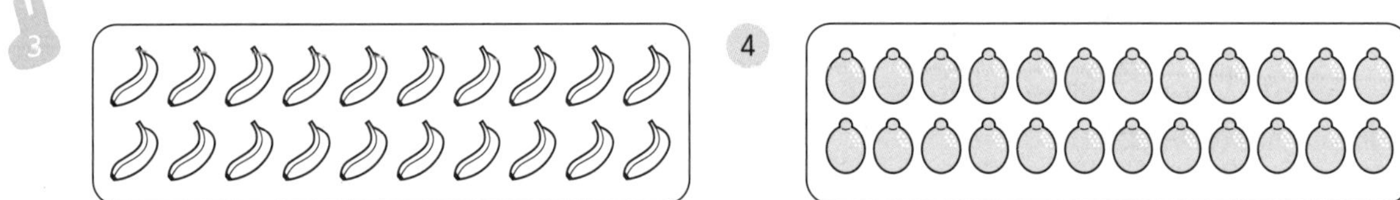

3

- 20의 $\frac{2}{10}$는 □입니다.
- 20의 $\frac{3}{4}$은 □입니다.

4

- 24의 $\frac{1}{12}$은 □입니다.
- 24의 $\frac{1}{2}$은 □입니다.

5

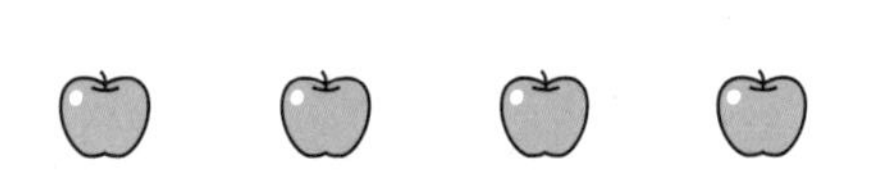

- 4의 $\frac{1}{2}$은 □입니다.
- 4의 $\frac{3}{4}$은 □입니다.

6

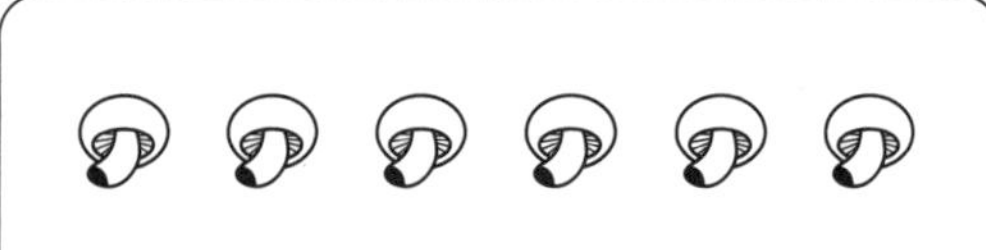

- 2는 6의 $\frac{\square}{3}$입니다.

7

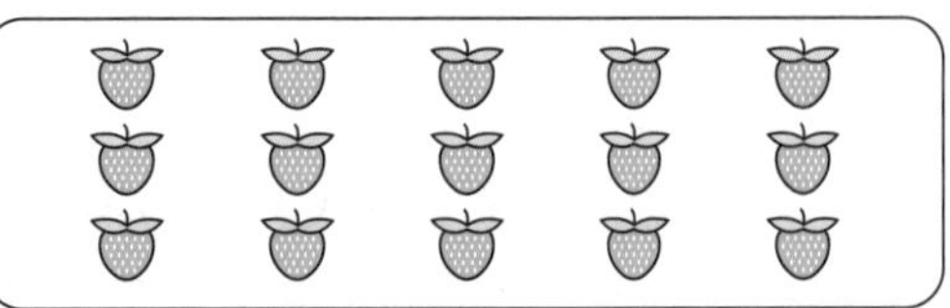

- 15의 $\frac{2}{5}$는 □입니다.
- 15의 $\frac{1}{3}$은 □입니다.

8

- 18의 $\frac{1}{2}$은 □입니다.
- 18의 $\frac{5}{9}$는 □입니다.

그림을 그려 □ 안에 알맞은 수를 써넣으세요.

1
- 12의 $\frac{1}{2}$은 □입니다.
- 12의 $\frac{2}{6}$는 □입니다.

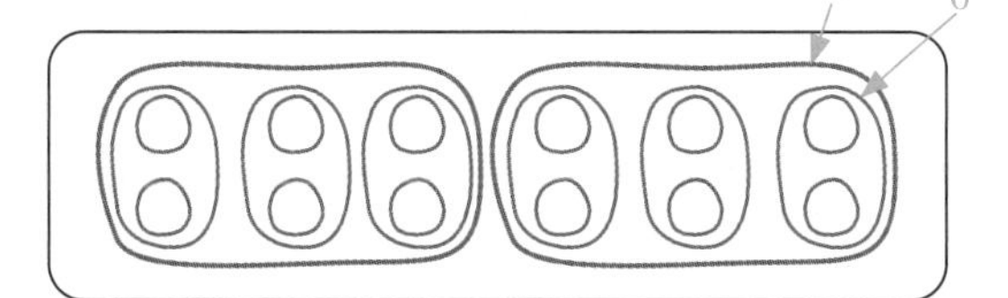

2
- 6의 $\frac{1}{2}$은 □입니다.
- 6의 $\frac{2}{3}$는 □입니다.

3
- 8의 $\frac{1}{4}$은 □입니다.
- 8의 $\frac{1}{2}$은 □입니다.

4
- 10의 $\frac{4}{5}$는 □입니다.
- 10의 $\frac{1}{2}$은 □입니다.

5
- 20의 $\frac{1}{4}$은 □입니다.
- 20의 $\frac{2}{5}$는 □입니다.

6
- 9의 $\frac{1}{3}$은 □입니다.
- 9의 $\frac{4}{9}$는 □입니다.

7
- 12는 18의 $\frac{\square}{3}$입니다.
- 6은 18의 $\frac{\square}{3}$입니다.

8
- 8은 16의 $\frac{\square}{2}$입니다.
- 2는 16의 $\frac{\square}{8}$입니다.

문제를 해결해 보세요.

1 진호는 건전지 6개를 사서 그중 $\frac{2}{3}$를 사용했습니다.
진호가 사용한 건전지는 몇 개인가요?

( )개

2 하루 24시간의 $\frac{1}{3}$은 몇 시간인가요?

( )시간

3 길이가 12 m인 벽이 있습니다. 그림을 보고 물음에 답하세요.

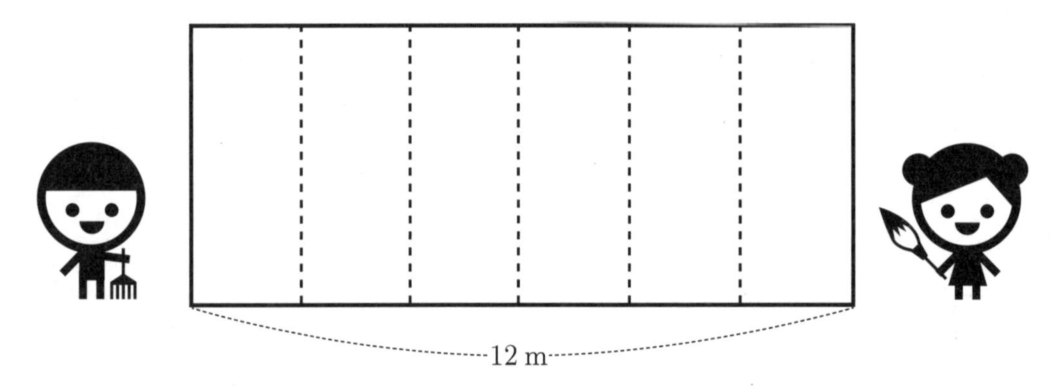

(1) 전체 벽의 $\frac{2}{6}$만큼 담쟁이를 심으려고 합니다.
담쟁이를 심는 벽의 길이는 몇 m인가요?

( )m

(2) 전체 벽의 $\frac{5}{12}$만큼 벽화를 그리려고 합니다.
벽화를 그리는 벽의 길이는 몇 m인가요?

( )m

(3) 담쟁이를 심고, 벽화를 그리고 남은 벽의 길이는 몇 m입니까?

( )m

개념 다시보기

분모의 수만큼 묶어 보고 □ 안에 알맞은 수를 써넣으세요.

1

• 10의 $\frac{2}{5}$는 □입니다.

2

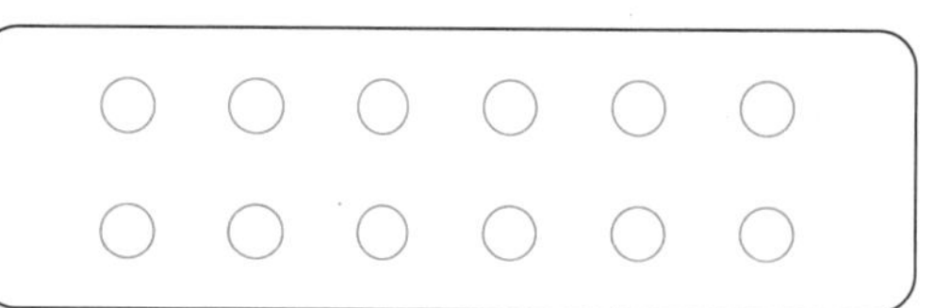

• 12의 $\frac{3}{4}$은 □입니다.

3

• 5의 $\frac{3}{5}$은 □입니다.

4

• 9의 $\frac{4}{9}$는 □입니다.

5

• 16의 $\frac{5}{8}$는 □입니다.

6

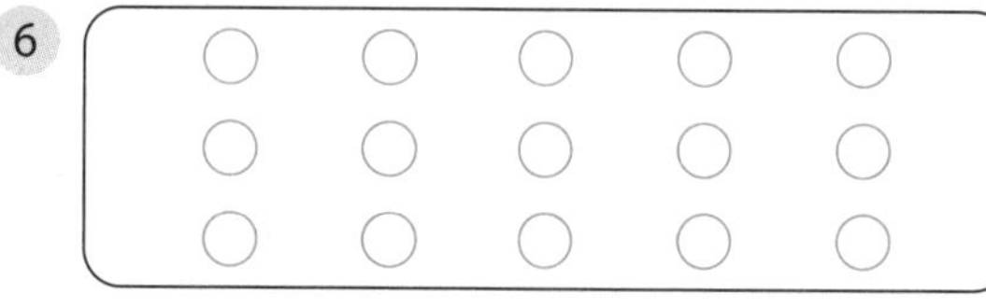

• 15의 $\frac{2}{3}$는 □입니다.

도전해 보세요

1 귤 한 박스에는 귤이 24개 들어 있습니다. 어제 귤 한 박스의 $\frac{1}{3}$을 먹었으면 남아 있는 귤은 몇 개인가요?

( )개

2 보기에 맞게 색칠해 보세요.

보기

① 빨간색: 24의 $\frac{1}{6}$ ② 파란색: 24의 $\frac{3}{8}$

③ 노란색: 24의 $\frac{2}{12}$

16단계 여러 가지 분수

개념연결

3-1 분수와 소수	3-1 분수와 소수		4-2 분수의 덧셈과 뺄셈
전체와 부분의 관계	분수의 크기 비교	가분수, 대분수	분수의 뺄셈
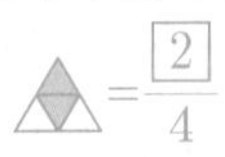 $=\frac{2}{4}$	$\frac{5}{7} > \frac{4}{7}$	 $\frac{9}{4}=2\frac{1}{4}$	$\frac{5}{6}-\frac{2}{6}=\frac{3}{6}$

배운 것을 기억해 볼까요?

1 (원 그림) $=\frac{\square}{\square}$

2 12는 18의 $\frac{\square}{3}$입니다.

대분수를 가분수로, 가분수를 대분수로 나타낼 수 있어요

30초 개념 $1=\frac{4}{4}$, $2=\frac{10}{5}$…와 같이 자연수도 분수로 나타낼 수 있어요. 가분수나 대분수는 1과 같거나 1보다 큰 수이므로 자연수를 포함하고 있어요.

대분수를 가분수로 $1\frac{2}{5}$ ➡ ?

① 대분수 $1\frac{2}{5}$를 그림으로 나타내요.

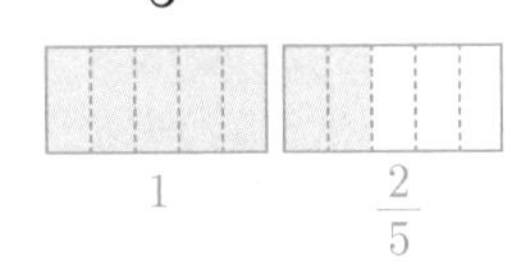

② $1\frac{2}{5}$만큼 표시하고, $\frac{1}{5}$이 몇 개인지 세어요.

③ $\frac{1}{5}$이 7개이므로 $\frac{7}{5}$이 돼요.

가분수를 대분수로 $\frac{7}{4}$ ➡ ?

① 가분수 $\frac{7}{4}$을 그림으로 나타내요.

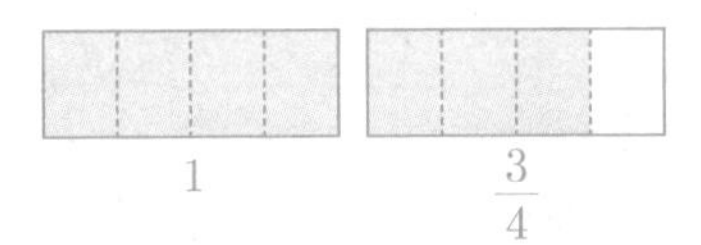

② 그림을 자연수와 분수로 나타내요.

③ 1과 $\frac{3}{4}$이 있으므로 $\frac{7}{4}=1\frac{3}{4}$이 돼요.

이런 방법도 있어요!

곱셈 이용(대분수 → 가분수)

$3\frac{2}{5}$ ➡ $\frac{17}{5}$

$3\times5=15$ ➡ $15+2=17$

나눗셈 이용(가분수 → 대분수)

$\frac{7}{4}$ ➡ $1\frac{3}{4}$

$7\div4=1\cdots3$

대분수를 가분수로, 가분수를 대분수로 나타내세요.

1 $2\frac{1}{2}=\frac{\square}{2}$

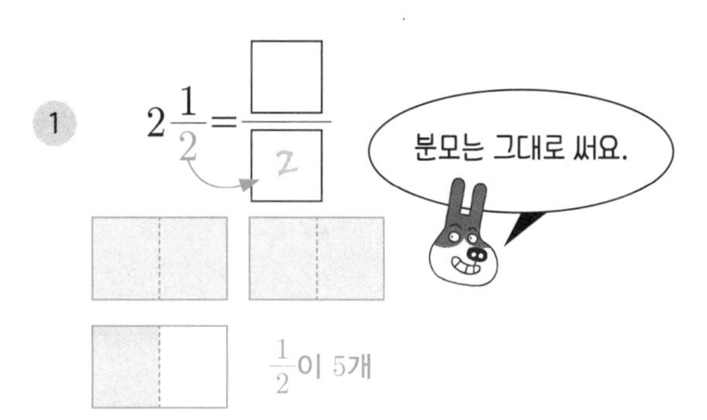

2 $\frac{5}{3}=\square\frac{\square}{\square}$

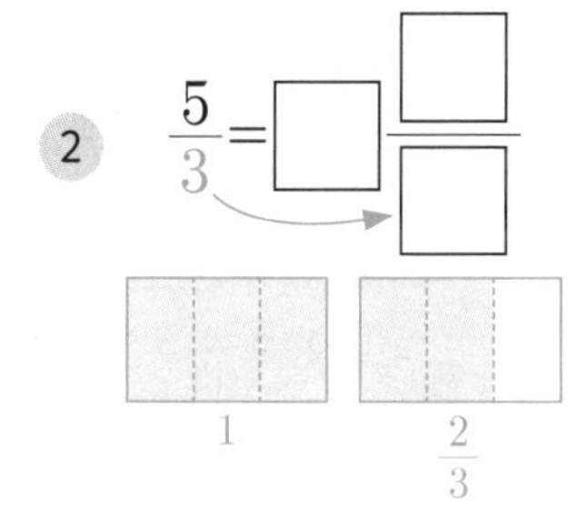

3 $1\frac{3}{5}=\frac{\square}{\square}$

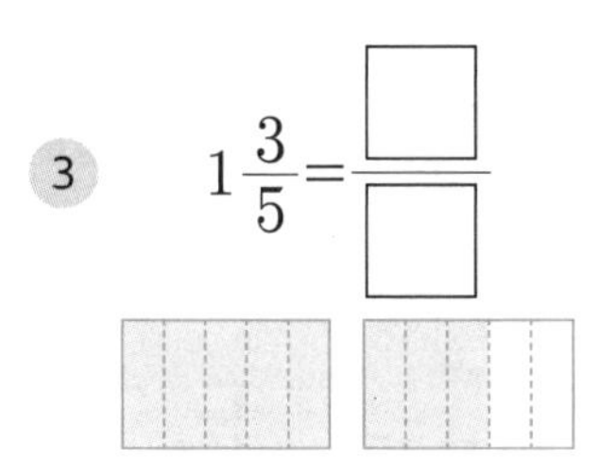

4 $2\frac{1}{6}=\frac{\square}{\square}$

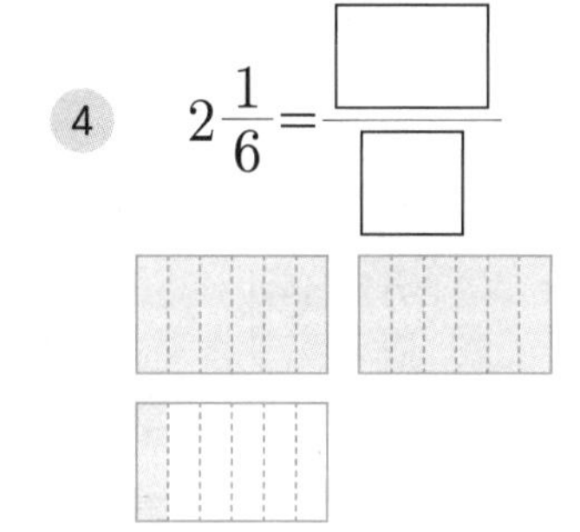

5 $3\frac{2}{3}=\frac{\square}{\square}$

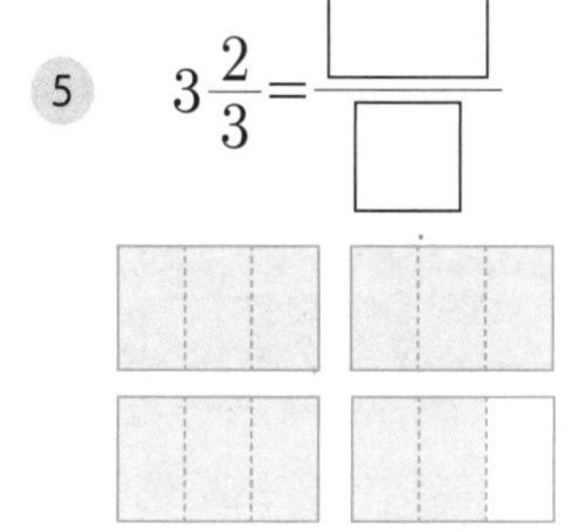

6 $\frac{7}{4}=\square\frac{\square}{\square}$

7 $\frac{11}{6}=\square\frac{\square}{\square}$

8 $\frac{8}{5}=\square\frac{\square}{\square}$

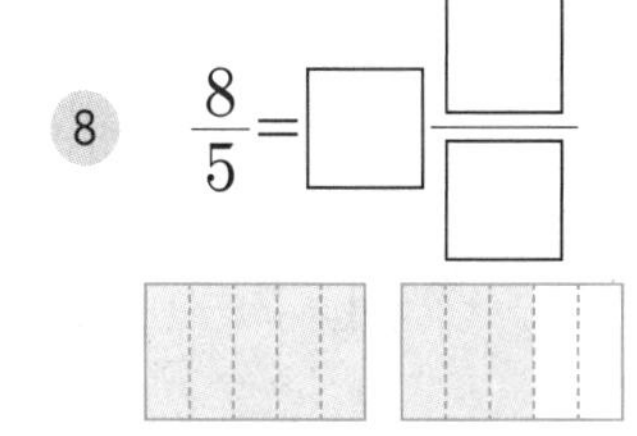

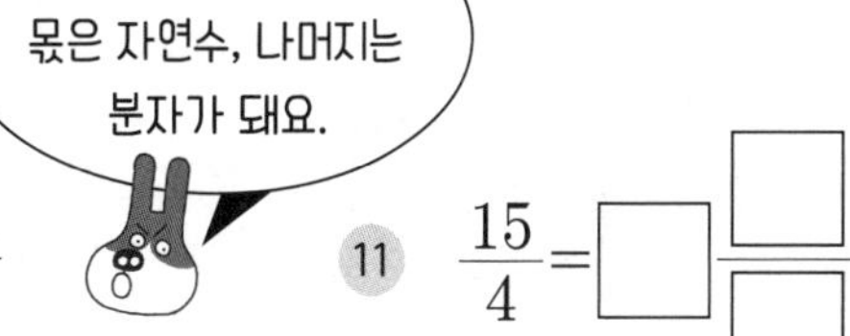

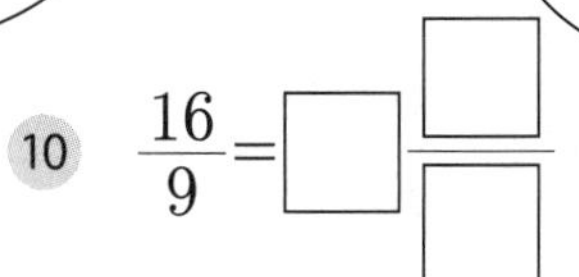

9 $2\frac{3}{7}=\frac{\square}{\square}$

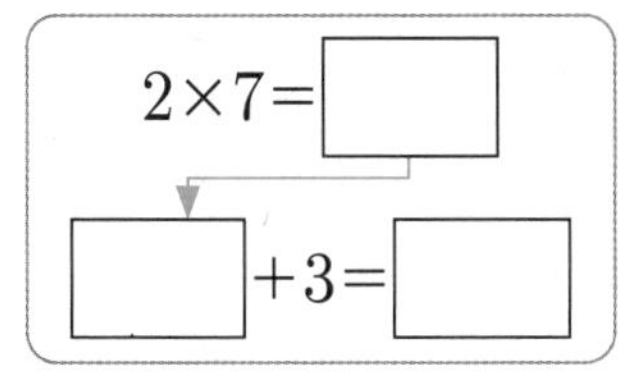

10 $\frac{16}{9}=\square\frac{\square}{\square}$

$16\div9=\square\cdots\square$

11 $\frac{15}{4}=\square\frac{\square}{\square}$

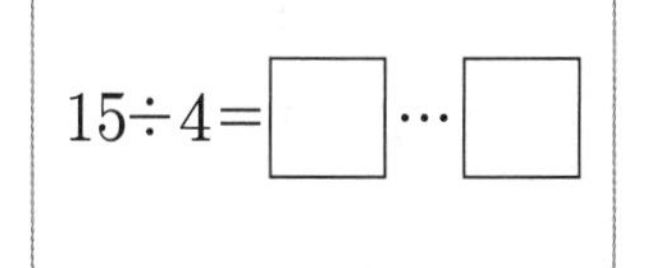

개념 다지기

대분수를 가분수로, 가분수를 대분수로 나타내세요.

1. $2\frac{3}{5}=\frac{□}{□}$

   $2\times5=□$

   $□+3=□$

2. $\frac{9}{4}=□\frac{□}{□}$

   $9\div4=□\cdots□$

3. $2\frac{1}{6}=\frac{□}{□}$

   $2\times6=□$

   $□+1=□$

4. $\frac{7}{3}=□\frac{□}{□}$

   $7\div3=□\cdots□$

5. $5\frac{7}{8}=\frac{□}{□}$

   $5\times8=□$

   $□+7=□$

6. $\frac{21}{5}=□\frac{□}{□}$

   $21\div5=□\cdots□$

7. $4\frac{1}{2}=\frac{□}{□}$

   $4\times2=□$

   $□+1=□$

8. $\frac{9}{5}=□\frac{□}{□}$

   $9\div5=□\cdots□$

9. $1\frac{3}{12}=\frac{□}{□}$

   $1\times12=□$

   $□+3=□$

10. $3\frac{3}{4}=\frac{□}{□}$

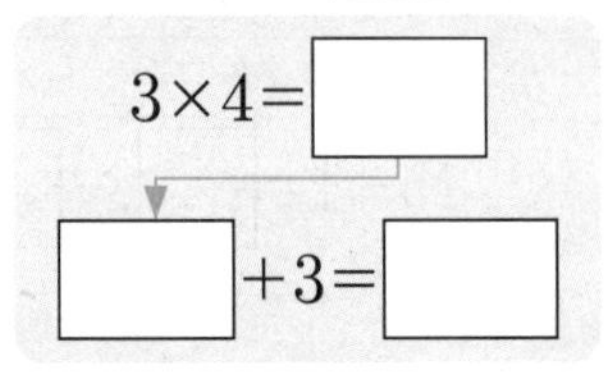

   $3\times4=□$

   $□+3=□$

11. $\frac{25}{6}=□\frac{□}{□}$

   $25\div6=□\cdots□$

12. $2\frac{6}{8}=\frac{□}{□}$

   $2\times8=□$

   $□+6=□$

대분수를 가분수로, 가분수를 대분수로 나타내세요.

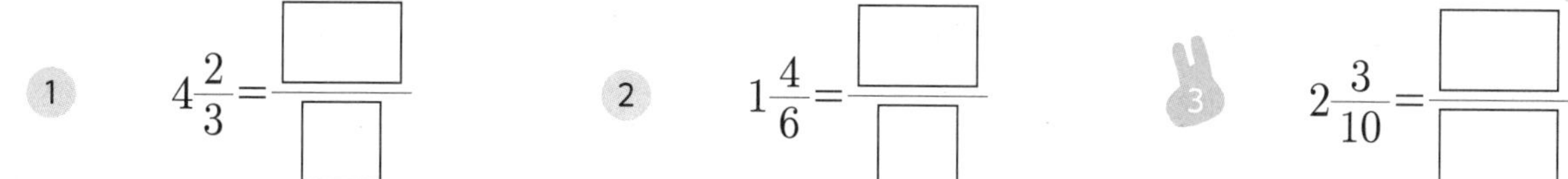

1 $4\frac{2}{3}=\frac{\square}{\square}$

4×3=12
12+2=14

2 $1\frac{4}{6}=\frac{\square}{\square}$

3 $2\frac{3}{10}=\frac{\square}{\square}$

4 $\frac{5}{4}=\square\frac{\square}{\square}$

5 $\frac{7}{2}=\square\frac{\square}{\square}$

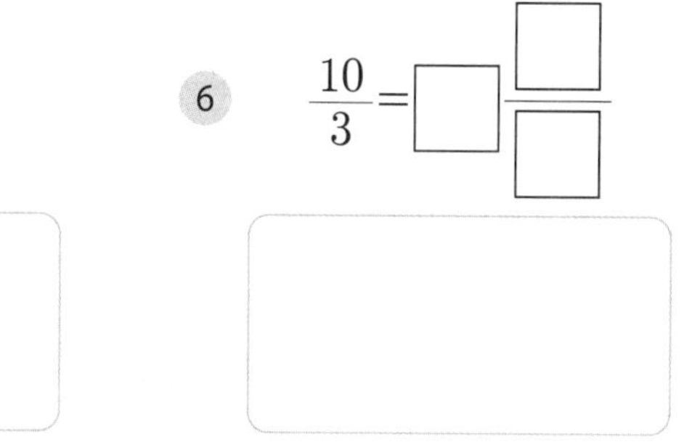

6 $\frac{10}{3}=\square\frac{\square}{\square}$

7 $\frac{15}{10}=\square\frac{\square}{\square}$

8 $2\frac{1}{5}=\frac{\square}{\square}$

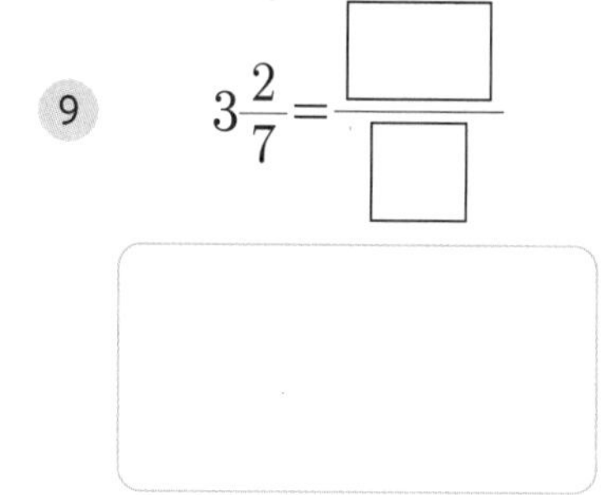

9 $3\frac{2}{7}=\frac{\square}{\square}$

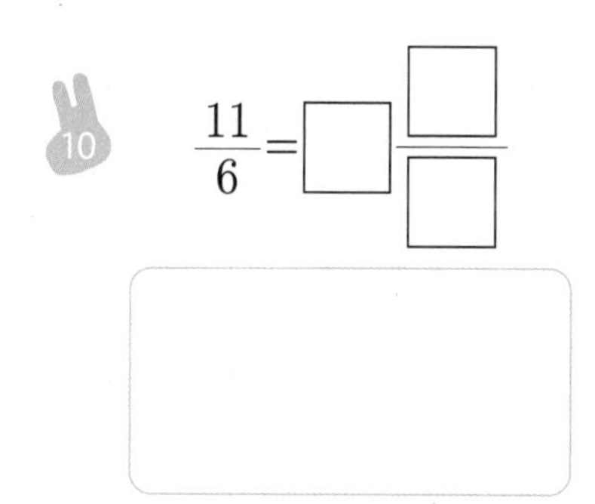

10 $\frac{11}{6}=\square\frac{\square}{\square}$

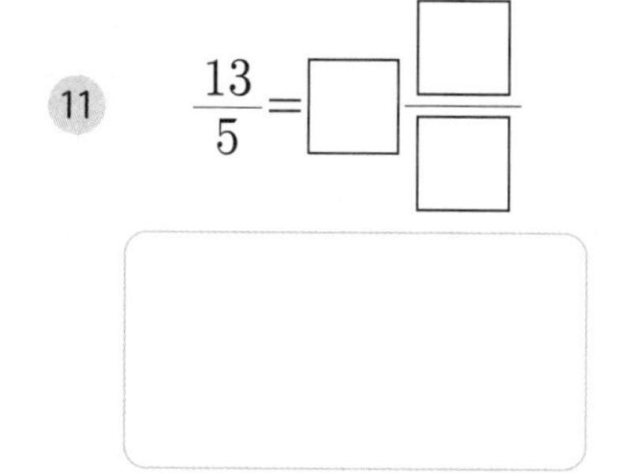

11 $\frac{13}{5}=\square\frac{\square}{\square}$

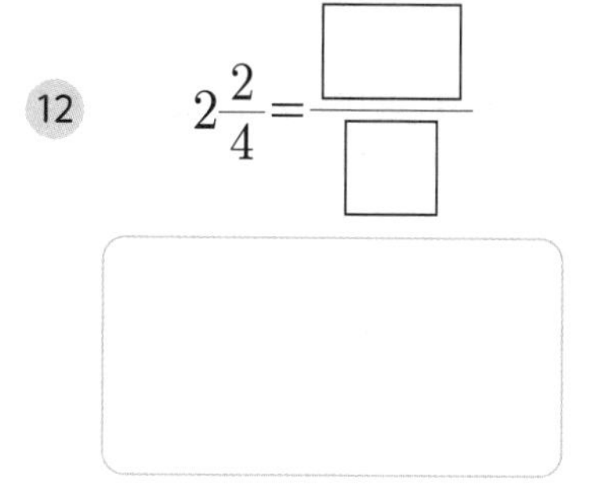

12 $2\frac{2}{4}=\frac{\square}{\square}$

개념 키우기

문제를 해결해 보세요.

1 수 카드 3장이 있습니다. 물음에 답하세요.

(1) 수 카드 2장을 골라 분모가 5인 가장 큰 대분수를 만들어 보세요.

( )

(2) (1)에서 만든 대분수를 가분수로 나타내세요.

( )

2 케이크와 피자를 팔고 남은 것입니다. 그림을 보고 물음에 답하세요.

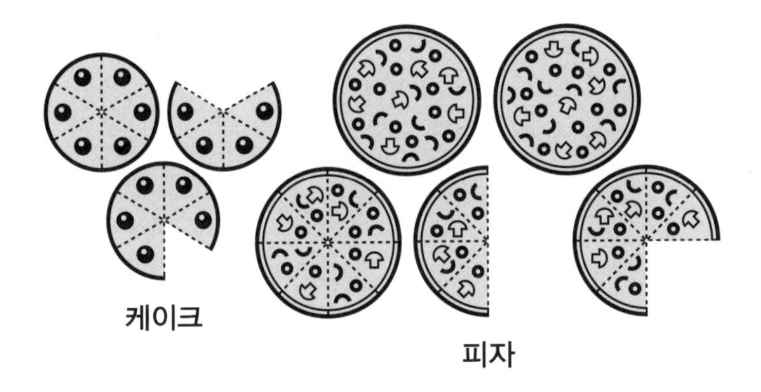

(1) 판매된 케이크 조각이 얼마인지 분수로 나타내세요.

( )

(2) 남은 케이크 조각이 얼마인지 대분수로 나타내세요.

( )

(3) 판매되지 않아 남은 피자는 얼마인지 대분수로 나타내세요.

( )

개념 다시보기

대분수를 가분수로, 가분수를 대분수로 나타내세요.

1 $3\frac{2}{4}=\frac{\square}{\square}$

2 $\frac{13}{5}=\square\frac{\square}{\square}$

3 $2\frac{1}{3}=\frac{\square}{\square}$

4 $\frac{14}{4}=\square\frac{\square}{\square}$

5 $\frac{9}{6}=\square\frac{\square}{\square}$

6 $10\frac{5}{8}=\frac{\square}{\square}$

7 $1\frac{5}{10}=\frac{\square}{\square}$

8 $\frac{20}{7}=\square\frac{\square}{\square}$

9 $4\frac{4}{5}=\frac{\square}{\square}$

10 $2\frac{3}{8}=\frac{\square}{\square}$

11 $\frac{25}{6}=\square\frac{\square}{\square}$

12 $\frac{17}{3}=\square\frac{\square}{\square}$

도전해 보세요

1 색칠된 부분을 가분수와 대분수로 나타내세요.

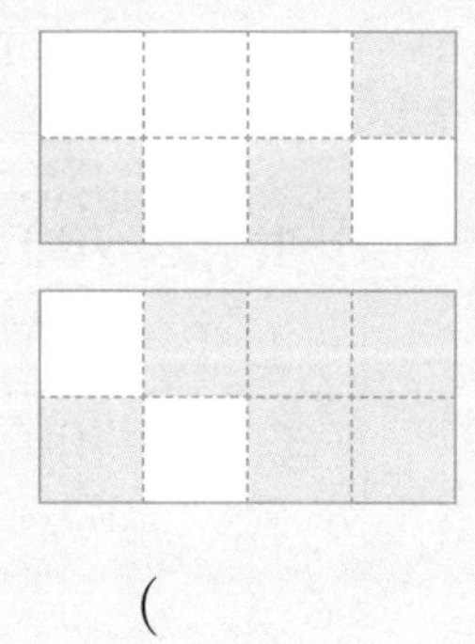

(　　　　　　　　　　)

2 수 카드 2장을 골라 분모가 7인 가장 큰 대분수를 만들고, 가분수로 나타내세요.

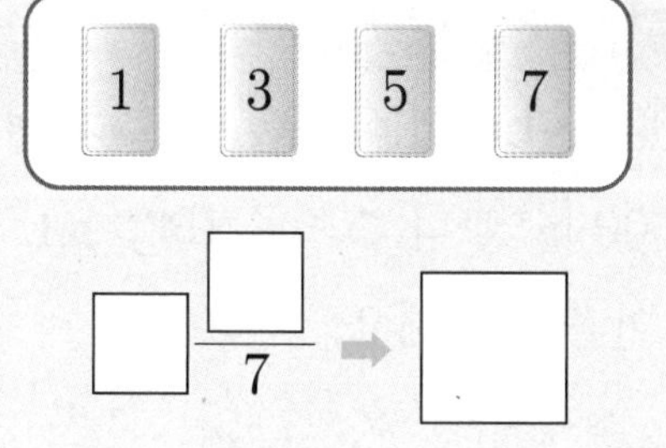

17단계 들이의 덧셈

개념연결

2-1길이 재기	2-2길이 재기	들이의 덧셈	3-2들이와 무게
1 cm 알아보기	길이의 덧셈	들이의 덧셈	들이의 뺄셈
1 cm → 일 센티미터	5 m 27 cm+3 m 40 cm = 8 m 67 cm	1500 mL+3000 mL = 4500 mL	3 L 700 mL − 1 L 200 mL = 2 L 500 mL

배운 것을 기억해 볼까요?

1 3 L=□mL
1 L 80 mL=□mL

2 1시간 23분 25초+30분 15초
=□시간 □분 □초

3
$$\begin{array}{r} 875 \\ +\ 365 \\ \hline \end{array}$$

들이의 덧셈을 할 수 있어요.

30초 개념 '들이'는 담을 수 있는 양을 뜻해요. 들이의 단위에는 1 mL, 1 L가 있어요.
들이의 덧셈을 할 때는 같은 단위끼리 계산해요.

들이 단위

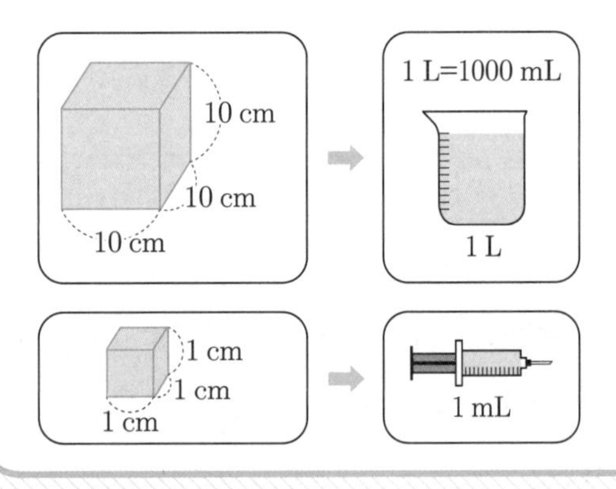

2 L 300 mL+1 L 500 mL의 계산

	L	mL
	2 L	300 mL
+	1 L	500 mL
	3 L	800 mL

L는 L끼리 더하고, mL는 mL끼리 더해요.

이런 방법도 있어요!

1000 mL=1 L이므로 mL 단위끼리 덧셈을 하여
1000 mL보다 크거나 1000 mL와 같으면
받아올림을 해요.

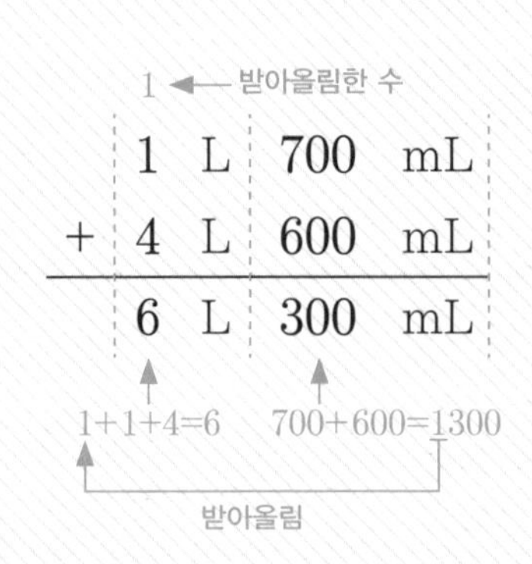

 들이의 합을 구하세요.

1

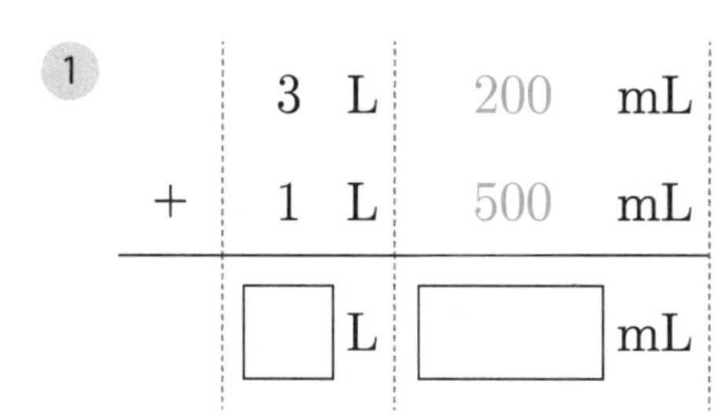

2

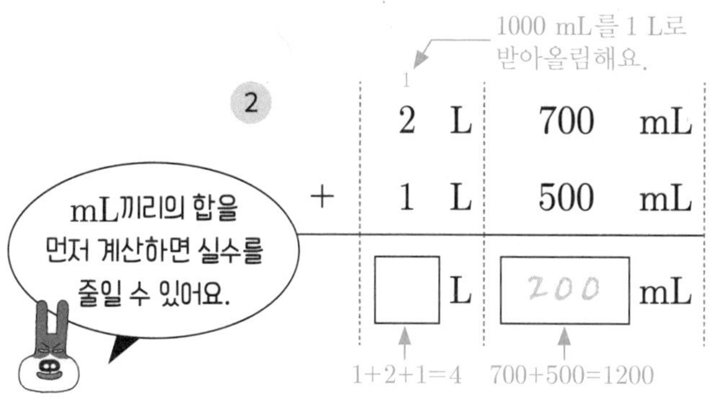

3

	L	mL
	1 L	400 mL
+	3 L	100 mL
	□ L	□ mL

4

	L	mL
	5 L	200 mL
+	2 L	700 mL
	□ L	□ mL

5

	L	mL
	4 L	400 mL
+	2 L	800 mL
	□ L	□ mL

6

	L	mL
	1 L	200 mL
+	2 L	400 mL
	□ L	□ mL

7

	L	mL
	3 L	300 mL
+	5 L	800 mL
	□ L	□ mL

8

	L	mL
	4 L	300 mL
+	1 L	600 mL
	□ L	□ mL

9

	L	mL
	6 L	500 mL
+	2 L	300 mL
	□ L	□ mL

10

	L	mL
	2 L	900 mL
+	6 L	300 mL
	□ L	□ mL

개념 다지기

들이의 합을 구하세요.

1 1 L 500 mL+2 L 300 mL

	1 L	500 mL
+	2 L	300 mL

2 4 L 200 mL+3 L 500 mL

3 2 L 600 mL+4 L 200 mL

4 5 L 300 mL+4 L 100 mL

5 5 L 700 mL+3 L 400 mL

6 7 L 200 mL+1 L 600 mL

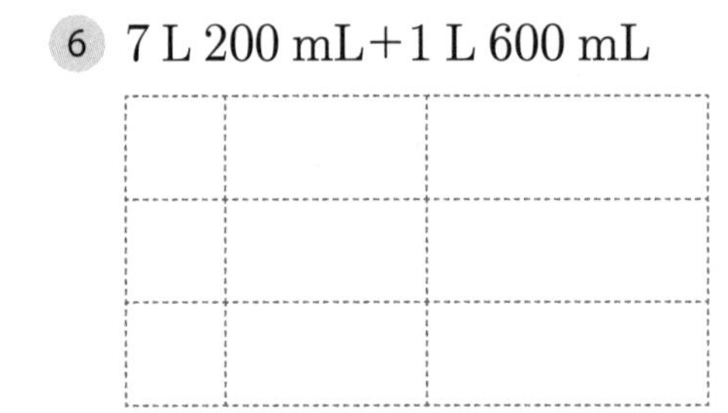

7 4 L 200 mL+5 L 300 mL

8 8 L 700 mL+3 L 400 mL

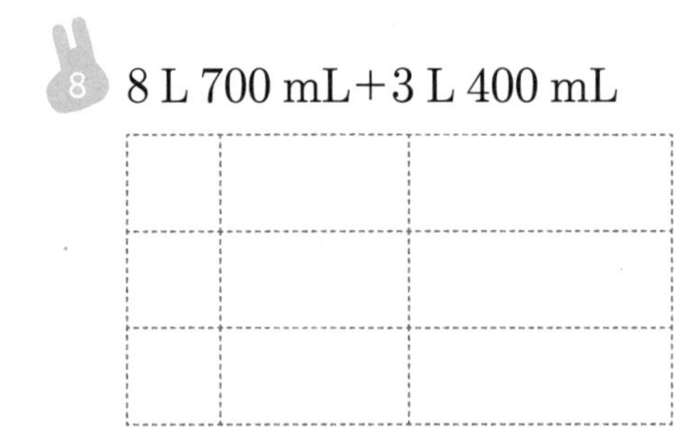

9 1 L 900 mL+2 L 900 mL

10 5 L 400 mL+2 L 500 mL

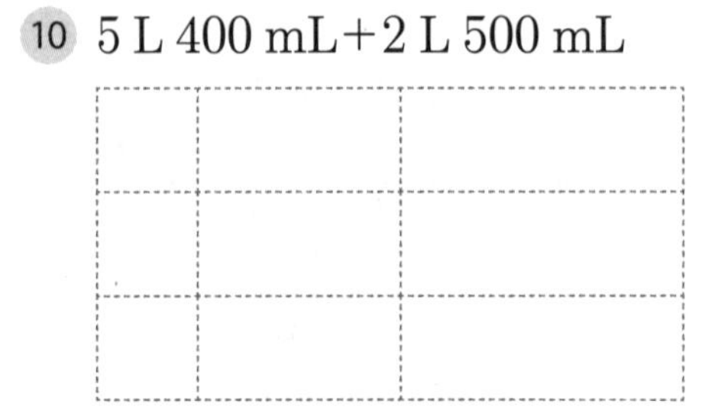

들이의 합을 구하세요.

1. 1 L 200 mL+1 L 300 mL
=□ L □ mL

2. 3 L 500 mL+2 L 400 mL
=□ L □ mL

3. 6 L 700 mL+2 L 100 mL
=□ L □ mL

4. 5 L 800 mL+3 L 700 mL
=□ L □ mL

5. 1 L 300 mL+2 L 400 mL
=□ L □ mL

6. 3 L 200 mL+2 L 600 mL
=□ L □ mL

7. 5 L 200 mL+2 L 600 mL
=□ L □ mL

8. 1200 mL+5000 mL
=□ mL
=□ L □ mL

9. 4 L 100 mL+2 L 100 mL
=□ L □ mL

10. 3 L 700 mL+1 L 200 mL
=□ L □ mL

11. 3800 mL+2900 mL
=□ mL
=□ L □ mL

12. 3 L 500 mL+3 L 800 mL
=□ L □ mL

13. 2 L 200 mL+3 L 200 mL
=□ L □ mL

14. 6 L 700 mL+5 L 700 mL
=□ L □ mL

문제를 해결해 보세요.

1 사과 주스 1 L 800 mL와 포도 주스 1 L 500 mL가 있습니다.
주스의 양은 모두 몇 L 몇 mL인가요?

식 ______________________ 답 ________ L ________ mL

2 물 2 L 300 mL가 들어 있는 수조에 물을 5 L 400 mL 더 부었습니다.
수조에 들어 있는 물의 양은 모두 몇 L 몇 mL인가요?

식 ______________________ 답 ________ L ________ mL

3 윤우와 이효가 마트에서 음료를 샀습니다. 그림을 보고 물음에 답하세요.

(1) 윤우가 산 음료의 양은 몇 L 몇 mL인가요?

식 ______________________ 답 ________ L ________ mL

(2) 이효가 산 음료의 양은 몇 L 몇 mL인가요?

식 ______________________ 답 ________ L ________ mL

(3) 두 사람이 산 음료의 양은 모두 몇 L 몇 mL인가요?

식 ______________________ 답 ________ L ________ mL

들이의 합을 구하세요.

1
$$\begin{array}{rlrl} & 2\ \text{L} & 400 & \text{mL} \\ + & 1\ \text{L} & 200 & \text{mL} \\ \hline & \square\ \text{L} & \square & \text{mL} \end{array}$$

2
$$\begin{array}{rlrl} & 3\ \text{L} & 600 & \text{mL} \\ + & 5\ \text{L} & 100 & \text{mL} \\ \hline & \square\ \text{L} & \square & \text{mL} \end{array}$$

3
$$\begin{array}{rlrl} & 2\ \text{L} & 500 & \text{mL} \\ + & 2\ \text{L} & 700 & \text{mL} \\ \hline & \square\ \text{L} & \square & \text{mL} \end{array}$$

4
$$\begin{array}{rlrl} & 1\ \text{L} & 300 & \text{mL} \\ + & 1\ \text{L} & 400 & \text{mL} \\ \hline & \square\ \text{L} & \square & \text{mL} \end{array}$$

5
$$\begin{array}{rlrl} & 3\ \text{L} & 200 & \text{mL} \\ + & 4\ \text{L} & 500 & \text{mL} \\ \hline & \square\ \text{L} & \square & \text{mL} \end{array}$$

6
$$\begin{array}{rlrl} & 5\ \text{L} & 400 & \text{mL} \\ + & 2\ \text{L} & 800 & \text{mL} \\ \hline & \square\ \text{L} & \square & \text{mL} \end{array}$$

도전해 보세요

1 다음 중 들이의 단위를 알맞게 사용한 학생은 누구인가요?

도영: 나는 어제 우유 200 L를 마셨어.

민지: 물 한 컵의 양이 60 L쯤 돼.

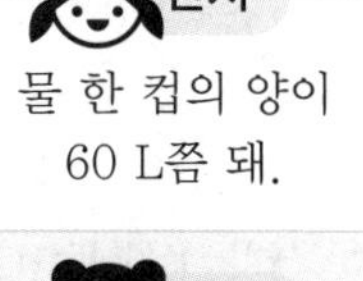

현수: 수영장 물의 양은 2000 mL쯤 될 거야.

진아: 생수 한 병에 든 물의 양은 500 mL야.

(　　　　　　　　)

2 단지에 수정과 8720 mL와 식혜 8 L 90 mL가 들어 있습니다. 어느 쪽의 양이 얼마 더 많나요?

수정과 8720 mL

식혜 8 L 90 mL

(　　　　　　　　)

18단계 들이의 뺄셈

개념연결

2-1길이 재기	2-2길이 재기	들이의 뺄셈	2-2들이와 무게
자로 재어 보기	길이의 뺄셈		무게의 뺄셈
3 cm	5 m 70 cm−2 m 26 cm = 3 m 44 cm	4 L 700 mL − 3 L 450 mL = 1 L 250 mL	5 kg 600 g − 2 kg 400 g = 3 kg 200 g

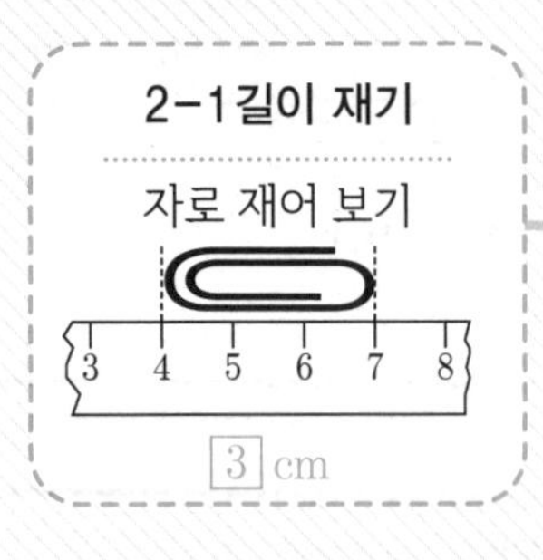

배운 것을 기억해 볼까요?

1 705 cm
=□m □cm

2 300분
=□시간 □분

3 3 L 700 mL+2 L 600 mL
=□L □mL

들이의 뺄셈을 할 수 있어요.

30초 개념 같은 단위끼리 뺄셈을 해요. mL 단위끼리 뺄 수 없을 때는 1 L=1000 mL이므로 1 L를 받아내림하여 계산해요.

3 L 200 mL−1 L 800 mL**의 계산**

	2		1000	
	~~3~~	L	200	mL
−	1	L	800	mL

➡

	2	L	1200	mL
−	1	L	800	mL
	1	L	400	mL

L는 L끼리 빼고, mL는 mL끼리 빼요.
mL끼리 뺄 수 없으면 1 L=1000 mL이므로 받아내림하여 계산해요.

이런 방법도 있어요!

받아내림이 없거나 계산이 간단한 경우 가로셈으로 계산해도 좋아요.

3 L 600 mL−1 L 200 mL
2 L
400 mL
=2 L 400 mL

들이의 차를 구하세요.

1

	5 L	700 mL
−	2 L	200 mL
	3 L	□ mL

2

	~~4~~ (3) L	600 (1000) mL
−	2 L	800 mL
	□ L	800 mL

mL끼리 뺄 수 없으면 1 L를 1000 mL로 바꾸어 받아내림해요.

3

	6 L	500 mL
−	3 L	400 mL
	□ L	□ mL

4

	9 L	500 mL
−	6 L	100 mL
	□ L	□ mL

5

	6 L	200 mL
−	1 L	500 mL
	□ L	□ mL

6

	4 L	900 mL
−	1 L	200 mL
	□ L	□ mL

7

	8 L	500 mL
−	6 L	700 mL
	□ L	□ mL

8

	5 L	500 mL
−	2 L	200 mL
	□ L	□ mL

9

	7 L	700 mL
−	6 L	600 mL
	□ L	□ mL

10

	8 L	600 mL
−	3 L	100 mL
	□ L	□ mL

 들이의 차를 구하세요.

1 2 L 400 mL－1 L 300 mL

	2 L	400 mL
−	1 L	300 mL

2 5 L 700 mL－3 L 400 mL

3 7 L 600 mL－3 L 200 mL

4 2 L 800 mL－1 L 600 mL

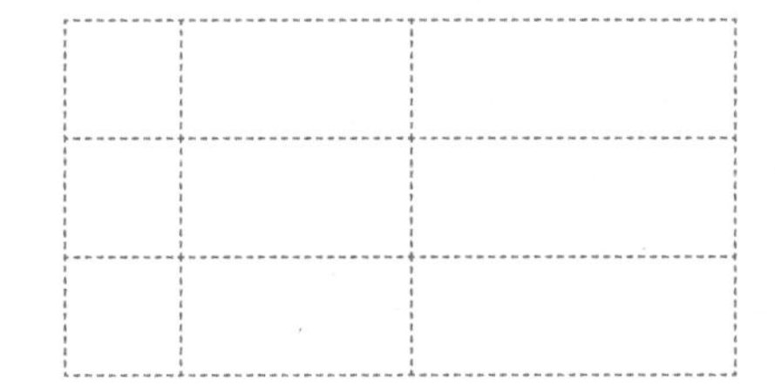

5 9 L 600 mL－5 L 800 mL

6 6 L 200 mL－3 L 800 mL

7 6 L 200 mL－4 L 200 mL

8 5 L 800 mL－1 L 600 mL

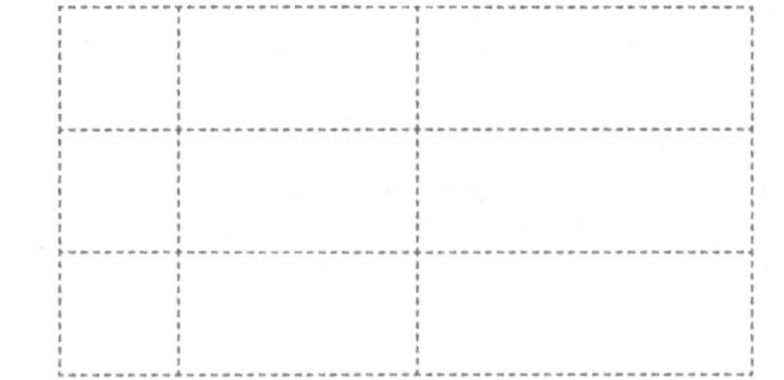

9 7 L 700 mL－2 L 800 mL

10 3 L 600 mL－1 L 100 mL

들이의 차를 구하세요.

1 5 L 200 mL−2 L 400 mL
= □ L □ mL

2 4 L 800 mL−1 L 500 mL
= □ L □ mL

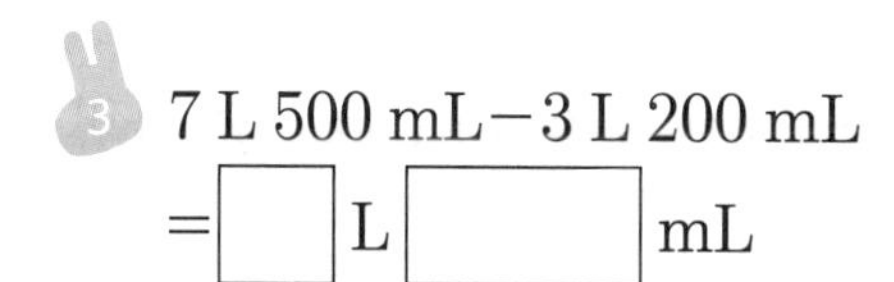
3 7 L 500 mL−3 L 200 mL
= □ L □ mL

4 5600 mL−2900 mL
= □ mL
= □ L □ mL

5 6 L 800 mL−2 L 600 mL
= □ L □ mL

6 2 L 300 mL−1 L 200 mL
= □ L □ mL

7 5 L 400 mL−3 L 100 mL
= □ L □ mL

8 4 L 100 mL−2 L 800 mL
= □ L □ mL

9 6 L 600 mL−3 L 300 mL
= □ L □ mL

10 8 L 200 mL−2 L 700 mL
= □ L □ mL

11 4200 mL−1800 mL
= □ mL
= □ L □ mL

12 9000 mL−3700 mL
= □ mL
= □ L □ mL

13 3 L 800 mL−1 L 700 mL
= □ L □ mL

14 7 L 300 mL−5 L 900 mL
= □ L □ mL

문제를 해결해 보세요.

1 들이가 3 L 700 mL인 수조에 물이 1 L 200 mL 들어 있습니다.
수조를 가득 채우려면 물을 몇 L 몇 mL 더 부어야 하나요?

식 ____________________ 답 ______ L ________ mL

2 식용유가 2 L 500 mL 있습니다. 튀김 요리를 하는 데 식용유 1 L 800 mL를 사용하면 남는 식용유의 양은 몇 mL인가요?

식 ____________________ 답 ____________ mL

3 생일잔치 후에 남은 음료 양을 알아보려고 합니다. 그림을 보고 물음에 답하세요.

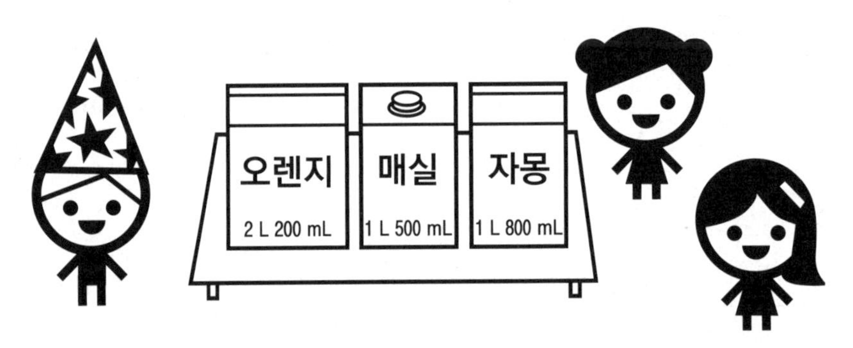

(1) 매실 음료를 700 mL를 마셨다면 남은 매실 음료는 몇 mL인가요?

식 ____________________ 답 ____________ mL

(2) 음료를 마시기 전의 오렌지 주스 양은 자몽 주스의 양보다 몇 mL 더 많나요?

식 ____________________ 답 ____________ mL

(3) 오렌지 주스 1 L 600 mL, 자몽 주스 1 L 300 mL를 마셨습니다.
남은 양이 가장 적은 주스는 어느 것인가요?

( )

개념 다시보기

들이의 차를 구하세요.

1

		L		mL
	5	L	500	mL
−	2	L	200	mL
	□	L	□	mL

2

		L		mL
	7	L	600	mL
−	4	L	700	mL
	□	L	□	mL

3

		L		mL
	3	L	800	mL
−	1	L	200	mL
	□	L	□	mL

4

		L		mL
	8	L	300	mL
−	4	L	400	mL
	□	L	□	mL

5

		L		mL
	9	L	400	mL
−	6	L	100	mL
	□	L	□	mL

6

		L		mL
	7	L	700	mL
−	1	L	400	mL
	□	L	□	mL

도전해 보세요

1 ㉮양동이와 ㉯양동이를 이용하여 수조에 물 3 L 900 mL를 담는 방법은 무엇인가요?

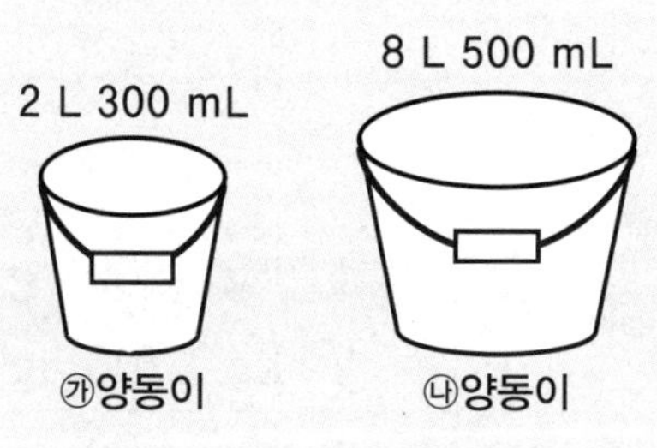

____

____

2 들이가 800 mL와 1 L 500 mL인 물병에 물이 가득 차 있습니다. 들이가 5 L 200 mL인 빈 수조를 가득 채우려 할 때 물이 몇 L 몇 mL 더 필요한가요?

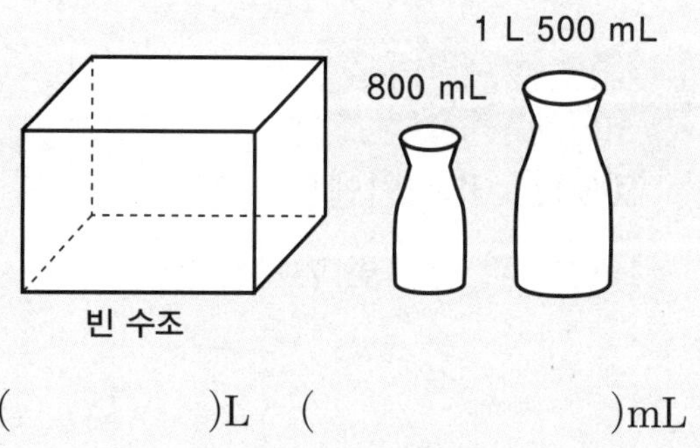

(　　　　)L (　　　　)mL

19단계 무게의 덧셈

개념연결

2-2길이 재기	3-1길이와 시간	3-2들이와 무게	무게의 덧셈
길이의 덧셈	시간의 덧셈	들이의 덧셈	
4 m 40 cm+2 m 70 cm =[7] m [10] cm	2시간 30분+50분 =[3]시간 [20]분	2 L 300 mL+3 L 400 mL =[5] L [700] mL	5 kg 100 g+3 kg 400 g =[8] kg [500] g

배운 것을 기억해 볼까요?

1 2시간 45분 =□분

2 (1) 2 kg 300 g=□g
(2) 4000 g=□kg

3
$$\begin{array}{r} 4\ 7\ 3 \\ +\ 7\ 5\ 6 \\ \hline \end{array}$$

무게의 덧셈을 할 수 있어요.

30초 개념 무게의 단위에는 kg, g이 있어요. 1 kg은 1000 g과 같아요.
덧셈을 할 때는 같은 단위끼리 계산해요.

무게 단위

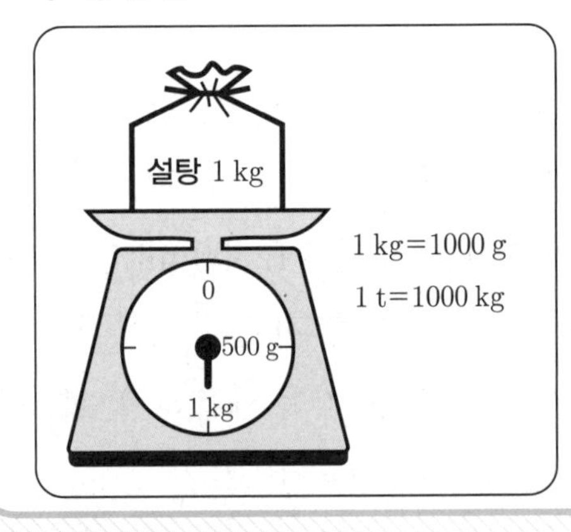

3 kg 200 g+2 kg 500 g의 계산

$$\begin{array}{rr} 3\ \text{kg} & 200\ \text{g} \\ +\ 2\ \text{kg} & 500\ \text{g} \\ \hline 5\ \text{kg} & 700\ \text{g} \end{array}$$

kg은 kg끼리 더하고,
g은 g끼리 더해요.

이런 방법도 있어요!

1000 g=1 kg이에요. g끼리 더해서 1000 g보다 크거나 1000 g과 같으면 받아올림을 해요.

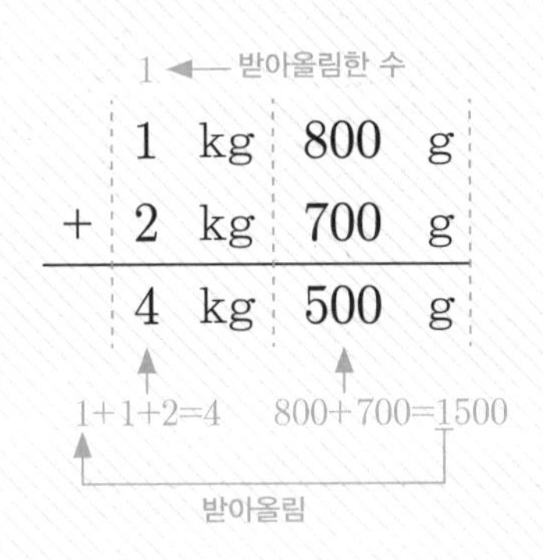

무게의 합을 구하세요.

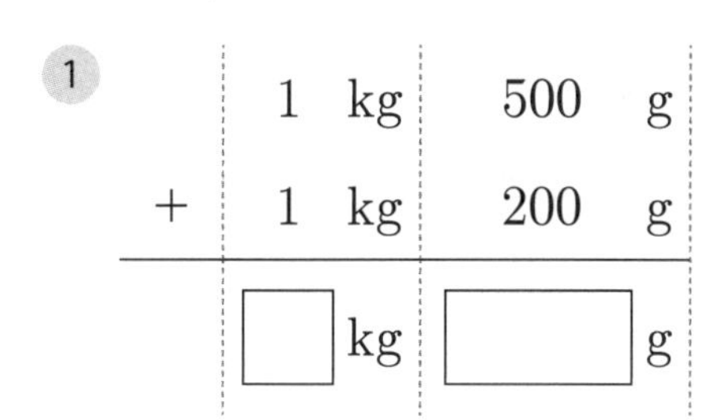

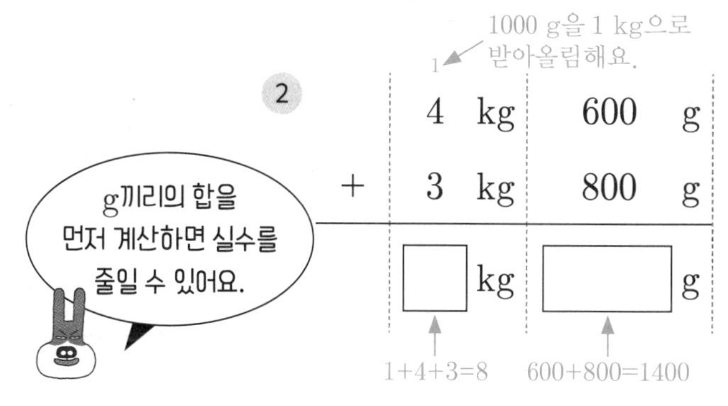

3

	2 kg	200 g
+	5 kg	600 g
	[ ] kg	[ ] g

4

	1 kg	300 g
+	6 kg	400 g
	[ ] kg	[ ] g

5

	5 kg	700 g
+	4 kg	200 g
	[ ] kg	[ ] g

6

	2 kg	500 g
+	4 kg	600 g
	[ ] kg	[ ] g

7

	4 kg	400 g
+	1 kg	400 g
	[ ] kg	[ ] g

8

	5 kg	200 g
+	6 kg	300 g
	[ ] kg	[ ] g

9

	3 kg	800 g
+	3 kg	800 g
	[ ] kg	[ ] g

10

	2 kg	200 g
+	7 kg	100 g
	[ ] kg	[ ] g

개념 다지기

무게의 합을 구하세요.

1. 1 kg 300 g+2 kg 600 g

	1kg	300g
+	2kg	600g

2. 5 kg 200 g+1 kg 300 g

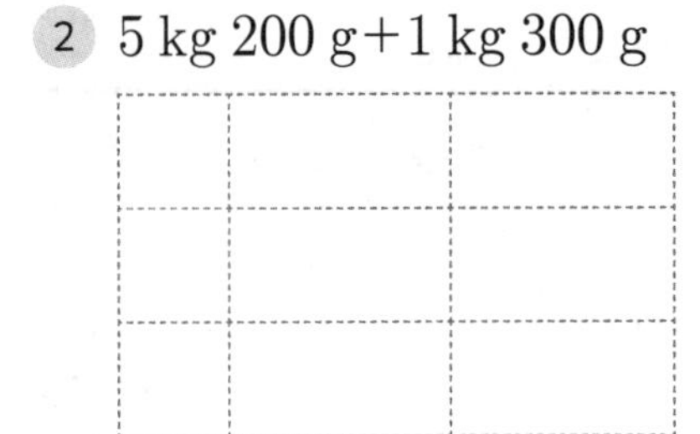

3. 4 kg 700 g+2 kg 100 g

4. 3 kg 800 g+1 kg 400 g

5. 7 kg 200 g+2 kg 400 g

6. 3 kg 300 g+3 kg 600 g

7. 5 kg 200 g+2 kg 500 g

8. 6 kg 200 g+1 kg 200 g

9. 4 kg 700 g+3 kg 700 g

10. 3 kg 100 g+5 kg 100 g

 무게의 합을 구하세요.

1 1 kg 300 g+2 kg 400 g
= ☐ kg ☐ g

2 5 kg 200 g+6 kg 200 g
= ☐ kg ☐ g

3 3 kg 400 g+4 kg 700 g
= ☐ kg ☐ g

4 6 kg 100 g+2 kg 100 g
= ☐ kg ☐ g

5 4500 g+2700 g
= ☐ g
= ☐ kg ☐ g

6 3 kg 300 g+6 kg 100 g
= ☐ kg ☐ g

7 5 kg 200 g+5 kg 600 g
= ☐ kg ☐ g

8 7 kg 200 g+1 kg 500 g
= ☐ kg ☐ g

9 4 kg 100 g+3 kg 700 g
= ☐ kg ☐ g

10 2500 g+4600 g
= ☐ g
= ☐ kg ☐ g

11 2 kg 600 g+3 kg 900 g
= ☐ kg ☐ g

12 4 kg 400 g+2 kg 400 g
= ☐ kg ☐ g

13 6 kg 100 g+6 kg 300 g
= ☐ kg ☐ g

14 1 kg 900 g+2 kg 800 g
= ☐ kg ☐ g

문제를 해결해 보세요.

1 밤을 민수는 1 kg 200 g, 지우는 1 kg 400 g 주웠습니다.
두 사람이 주운 밤의 무게는 몇 kg 몇 g인가요?

식 ______________________ 답 ________ kg ________ g

2 현지의 몸무게는 32 kg 500 g입니다. 3 kg 800 g인 책가방을 메고 저울에 올라가면 저울의 눈금은 몇 kg 몇 g을 가리키나요?

식 ______________________ 답 ________ kg ________ g

3 마트에서 농산물을 팔고 있습니다. 그림을 보고 물음에 답하세요.

쌀

1봉지: 1 kg 600 g

콩

1봉지: 700 g

감자

1봉지: 1 kg 300 g

옥수수

1봉지: 900 g

(1) 쌀 2봉지와 콩 1봉지를 사면 무게가 모두 몇 kg 몇 g인가요?

식 ______________________ 답 ________ kg ________ g

(2) 옥수수 2봉지와 감자 2봉지를 사면 무게가 모두 몇 kg 몇 g인가요?

식 ______________________ 답 ________ kg ________ g

(3) 농산물을 각각 한 봉지씩 사면 전체 무게가 몇 kg 몇 g인가요?

식 ______________________ 답 ________ kg ________ g

개념 다시보기

무게의 합을 구하세요.

1

		kg		g
	1	kg	300	g
+	7	kg	200	g
	□	kg	□	g

2

		kg		g
	5	kg	600	g
+	2	kg	300	g
	□	kg	□	g

3

		kg		g
	3	kg	500	g
+	4	kg	700	g
	□	kg	□	g

4

		kg		g
	5	kg	200	g
+	2	kg	600	g
	□	kg	□	g

5

		kg		g
	7	kg	400	g
+	3	kg	800	g
	□	kg	□	g

6

		kg		g
	2	kg	100	g
+	1	kg	100	g
	□	kg	□	g

도전해 보세요

1 큰 상자의 무게는 몇 kg 몇 g인가요?

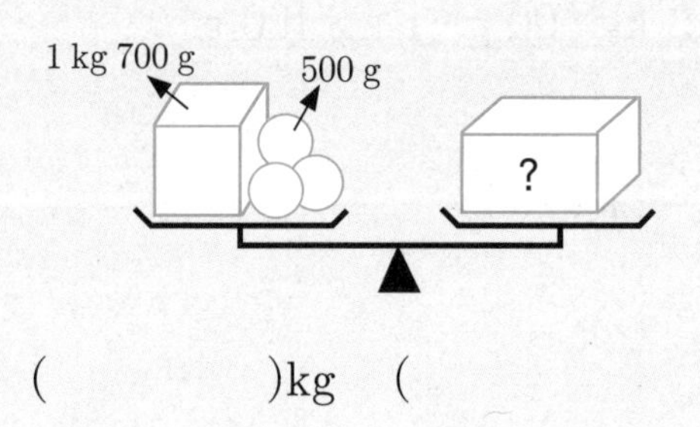

(   )kg (   )g

2 무게를 비교하여 ○ 안에 >, =, <를 알맞게 써넣으세요.

(1) 2 kg 700 g ○ 1800 g

(2) 4200 g ○ 4 kg 90 g

(3) 9500 g ○ 9 kg 500 g

20단계 무게의 뺄셈

개념연결

2-2길이 재기	3-1길이와 시간	3-2들이와 무게	
길이의 뺄셈	시간의 뺄셈	들이의 뺄셈	무게의 뺄셈
4 m 70 cm−1 m 50 cm =3 m 20 cm	5시 47분−2시 20분 =3 시간 27 분	4 L 700 mL −3 L 450 mL = 1 L 350 mL	5 kg 600 g −2 kg 400 g = 3 kg 200 g

배운 것을 기억해 볼까요?

1 3 m 8 cm=☐ cm

2 5 kg 200 g+2400 g
=☐ kg ☐ g

무게의 뺄셈을 할 수 있어요.

30초 개념 같은 단위끼리 뺄셈을 해요. g 단위끼리 뺄 수 없을 때는 1 kg=1000 g을 이용해서 받아내림하여 계산해요.

4 kg 200 g−1 kg 500 g**의 계산**

	kg	g			kg	g
	~~4~~ (3)	200 (1000)	➡		3	1200
−	1	500		−	1	500
	☐	☐			2	700

kg은 kg끼리 빼고, g은 g끼리 빼요.
g끼리 뺄 수 없으면 1 kg=1000 g이므로 받아내림하여 계산해요.

이런 방법도 있어요!

받아내림이 없거나 계산이 간단한 경우 가로셈으로 계산해도 좋아요.

3 kg 600 g−1 kg 400 g
(2 kg, 200 g)
=2 kg 200 g

무게의 차를 구하세요.

①

	4 kg	600 g
−	2 kg	200 g
	□ kg	□ g

②

받아내림한 수

	4 ~~5~~ kg	1000 500 g
−	2 kg	700 g
	□ kg	□ g

g끼리 뺄 수 없으면
1 kg을 1000 g으로 바꾸어
받아내림해요.

③

	7 kg	400 g
−	1 kg	200 g
	□ kg	□ g

④

	3 kg	600 g
−	1 kg	300 g
	□ kg	□ g

⑤

	8 kg	500 g
−	4 kg	700 g
	□ kg	□ g

⑥

	6 kg	600 g
−	2 kg	100 g
	□ kg	□ g

⑦

	5 kg	500 g
−	2 kg	200 g
	□ kg	□ g

⑧

	7 kg	300 g
−	4 kg	900 g
	□ kg	□ g

⑨

	9 kg	700 g
−	1 kg	600 g
	□ kg	□ g

⑩

	6 kg	400 g
−	3 kg	300 g
	□ kg	□ g

 무게의 차를 구하세요.

1 4 kg 600 g−2 kg 300 g

	4kg	600g
−	2kg	300g

2 6 kg 200 g−5 kg 200 g

3 4 kg 100 g−2 kg 600 g

4 7 kg 300 g−2 kg 500 g

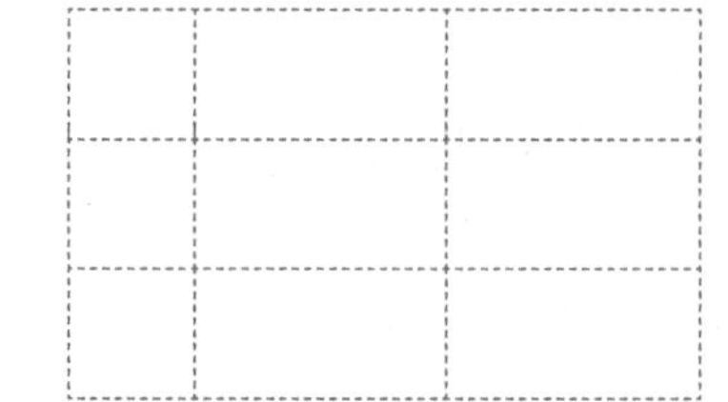

5 8 kg 700 g−5 kg 300 g

6 6 kg 600 g−3 kg 500 g

7 7 kg 400 g−4 kg 300 g

8 5 kg 700 g−1 kg 600 g

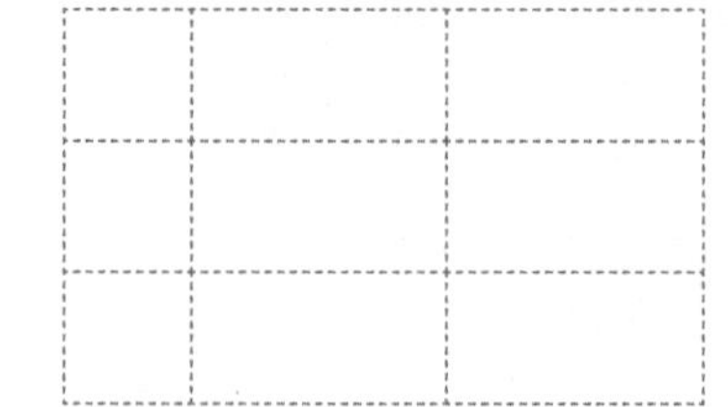

9 6 kg 900 g−3 kg 700 g

10 2 kg 900 g−1 kg 800 g

무게의 차를 구하세요.

1. 5 kg 200 g − 3 kg 700 g
   = ☐ kg ☐ g

2. 7 kg 300 g − 6 kg 100 g
   = ☐ kg ☐ g

3. 8 kg 600 g − 2 kg 500 g
   = ☐ kg ☐ g

4. 3 kg 200 g − 1 kg 500 g
   = ☐ kg ☐ g

5. 4800 g − 2700 g
   = ☐ g
   = ☐ kg ☐ g

6. 3 kg 900 g − 2 kg 300 g
   = ☐ kg ☐ g

7. 7 kg 400 g − 4 kg 300 g
   = ☐ kg ☐ g

8. 6 kg 200 g − 3 kg 900 g
   = ☐ kg ☐ g

9. 5 kg 600 g − 1 kg 200 g
   = ☐ kg ☐ g

10. 4 kg 300 g − 2 kg 100 g
    = ☐ kg ☐ g

11. 8 kg 800 g − 3 kg 600 g
    = ☐ kg ☐ g

12. 5 kg − 2 kg 900 g
    = ☐ kg ☐ g

13. 7300 g − 2700 g
    = ☐ g
    = ☐ kg ☐ g

14. 6700 g − 3800 g
    = ☐ g
    = ☐ kg ☐ g

문제를 해결해 보세요.

1 감자 한 상자의 무게는 5 kg 500 g이고, 고구마 한 상자의 무게는 3 kg 800 g입니다. 감자 한 상자의 무게는 고구마 한 상자의 무게보다 몇 kg 몇 g 더 무거운가요?

식 ________________ 답 ______ kg ______ g

2 설탕 한 포대와 소금 한 봉지를 저울에 올려놓으니 눈금이 7 kg 800 g을 가리켰습니다. 설탕 한 포대의 무게가 4 kg 200 g일 때, 소금 한 봉지의 무게는 몇 kg 몇 g인가요?

식 ________________ 답 ______ kg ______ g

3 캠핑장에서 바비큐 파티를 하기 위해 고기와 감자, 새우를 샀습니다. 그림을 보고 물음에 답하세요.

소고기 돼지고기 감자 새우

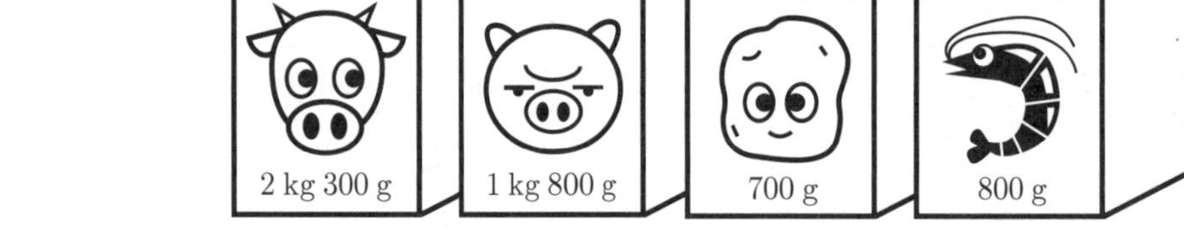

(1) 감자와 새우의 무게는 모두 얼마인가요?

식 ________________ 답 ______ kg ______ g

(2) 고기의 무게는 모두 얼마인가요?

식 ________________ 답 ______ kg ______ g

(3) 고기는 감자와 새우를 합한 것보다 몇 kg 몇 g 더 무거운가요?

식 ________________ 답 ______ kg ______ g

개념 다시보기

무게의 차를 구하세요.

1
$$\begin{array}{rrrrr} & 4 & \text{kg} & 800 & \text{g} \\ - & 2 & \text{kg} & 400 & \text{g} \\ \hline & \square & \text{kg} & \square & \text{g} \end{array}$$

2
$$\begin{array}{rrrrr} & 5 & \text{kg} & 600 & \text{g} \\ - & 1 & \text{kg} & 100 & \text{g} \\ \hline & \square & \text{kg} & \square & \text{g} \end{array}$$

3
$$\begin{array}{rrrrr} & 3 & \text{kg} & 200 & \text{g} \\ - & 1 & \text{kg} & 700 & \text{g} \\ \hline & \square & \text{kg} & \square & \text{g} \end{array}$$

4
$$\begin{array}{rrrrr} & 6 & \text{kg} & 300 & \text{g} \\ - & 3 & \text{kg} & 500 & \text{g} \\ \hline & \square & \text{kg} & \square & \text{g} \end{array}$$

5
$$\begin{array}{rrrrr} & 7 & \text{kg} & 900 & \text{g} \\ - & 2 & \text{kg} & 200 & \text{g} \\ \hline & \square & \text{kg} & \square & \text{g} \end{array}$$

6
$$\begin{array}{rrrrr} & 9 & \text{kg} & 500 & \text{g} \\ - & 6 & \text{kg} & 100 & \text{g} \\ \hline & \square & \text{kg} & \square & \text{g} \end{array}$$

도전해 보세요

1 진우와 현지가 캔 고구마의 무게가 22 kg입니다. 진우가 캔 고구마의 무게는 현지가 캔 고구마의 무게보다 4 kg 더 무겁다고 합니다. 진우가 캔 고구마의 무게는 얼마인가요?

( )

2 배의 무게는 몇 kg 몇 g인가요?
(단, 귤 한 개의 무게는 650 g으로 모두 같아요.)

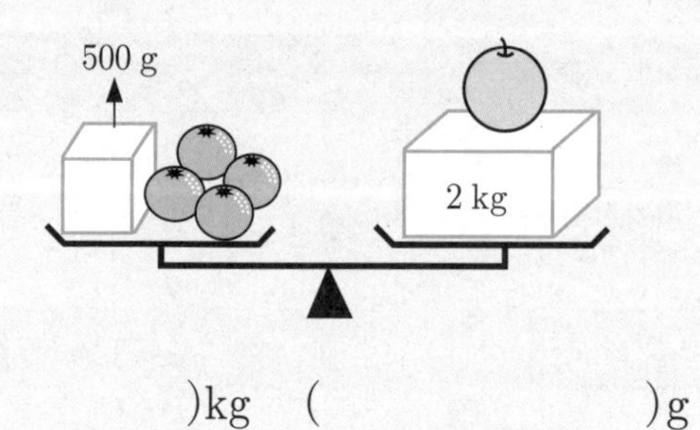

( )kg ( )g

1~6학년 연산 개념연결 지도

★ 연산 개념연결 지도는 비아북 블로그에서 다운로드받을 수 있습니다. blog.naver.com/viabook/221764401368 ★

MEMO

개념연결 연산의 발견 6권

지은이 | 전국수학교사모임 개념연산팀

초판 1쇄 발행일 2020년 1월 23일
개정판 2쇄 발행일 2024년 4월 12일

발행인 | 한상준
편집 | 김민정 · 강탁준 · 손지원 · 최정휴 · 김영범
삽화 | 조경규
디자인 | 김경희 · 김성인 · 김미숙 · 정은예
마케팅 | 이상민 · 주영상
관리 | 양은진

발행처 | 비아에듀(ViaEdu Publisher)
출판등록 | 제313-2007-218호(2007년 11월 2일)
주소 | 서울시 마포구 연남동 월드컵북로6길 97(연남동 567-40) 2층
전화 | 02-334-6123 전자우편 | crm@viabook.kr
홈페이지 | viabook.kr

ISBN 979-11-92904-53-5 64410
ISBN 979-11-92904-48-1 (3학년 세트)